U0396013

“十三五”国家重点研发计划课题（2020YFD1100405）
村镇运维信息动态监测与管理关键技术研究 资助项目

基于CIM技术的传统民居智慧运维导论

INTRODUCTION TO CIM-BASED INTELLIGENT OPERATION AND MAINTENANCE OF TRADITIONAL DWELLINGS

冷嘉伟　钱雨翀　印　江　王海宁　著

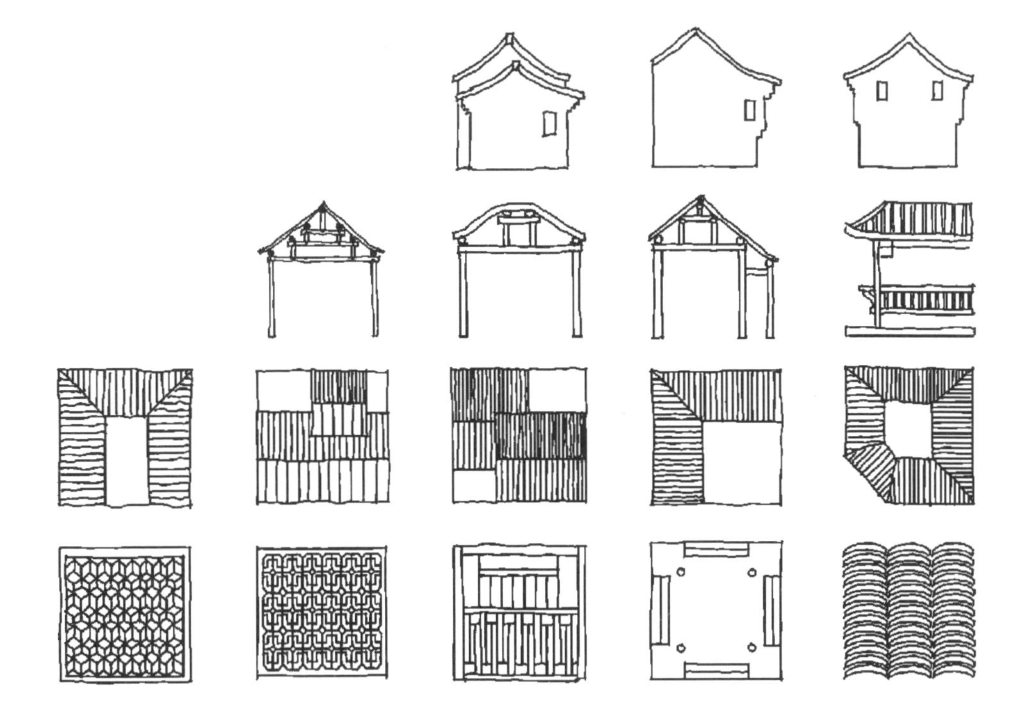

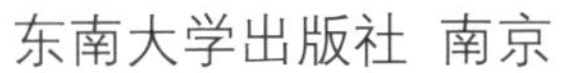
东南大学出版社 南京

内容提要

本书针对目前乡村振兴背景下传统民居“重建轻管”的现象，将村镇减排增效监测技术与BIM信息、云计算、大数据、物联网等技术进行集成，以CIM技术为基础，全面介绍了关于传统民居运维管理的“数据采集—融合匹配—智能分析—轻量显示—动态监控—预警预判—决策支持”等全链条技术集成应用技术体系，指导研究者构建提升村镇传统民居运维信息综合管理服务平台。本书结合国家重点研发计划示范项目，对传统民居运维管理的多源异构数据融合匹配与三维轻量化处理管理这一关键技术以及运维管理平台管理导则进行了详细介绍。

图书在版编目(CIP)数据

基于CIM技术的传统民居智慧运维导论 / 冷嘉伟等著.
— 南京：东南大学出版社，2023.9
ISBN 978 - 7 - 5766 - 0851 - 9

Ⅰ.①基… Ⅱ.①冷… Ⅲ.①建筑工程-项目管理-信息化建设-应用软件 Ⅳ.①TU241.5-39

中国国家版本馆CIP数据核字(2023)第161516号

基于 CIM 技术的传统民居智慧运维导论
Jiyu CIM Jishu De Chuantong Minju Zhihui Yunwei Daolun

著　　者：冷嘉伟　钱雨翀　印　江　王海宁
责任编辑：戴　丽
责任校对：子雪莲
封面设计：王海宁　钱雨翀
责任印制：周荣虎
出版发行：东南大学出版社
出 版 人：白云飞
社　　址：南京市四牌楼 2 号　　邮编：210096　　电话：025-83793330
网　　址：http://www.seupress.com
邮　　箱：press@seupress.com
印　　刷：上海雅昌艺术印刷有限公司
开　　本：700 mm×1000 mm　1/16　　印　张：11.5　　字　数：180 千字
版 印 次：2023 年 9 月第 1 版　2023 年 9 月第 1 次印刷
书　　号：ISBN 978-7-5766-0851-9
定　　价：88.00 元

经　　销：全国各地新华书店
发行热线：025-83790519　83791830

前言

随着乡村振兴战略接棒脱贫攻坚成为国家“三农”工作的重心，传统村落风貌管理与保护对“留住乡愁”起到重要作用。中共中央、国务院颁布的《数字中国建设整体布局规划》中明确提出以数字化赋能乡村建设和乡村治理，全面推进数字乡村建设。传统民居作为村镇的重要组成部分，是村民生产生活的主要载体，更是乡村文化遗存。传统民居运维管理不仅可以改善村民生活品质，更有助于凸显村镇历史底蕴，增强乡村发展动力与旅游吸引力，为美丽乡村建设赋能。

“十三五”国家重点研发计划项目“东南产村产镇减排增效技术综合示范”课题“村镇运维信息动态监测与管理关键技术研究”(项目号:2020YFD1100405)，旨在解决基于村镇多源异构数据的运维管理技术关键问题。通过对多方面监测数据的采集与分析及多源数据的深度关联和耦合关系对比建立东南产村产镇运维服务管理的预警判断逻辑模型、计算方法和预测技术。在此基础上研发基于网页和移动端的软件平台，实现减排增效决策支持系统，开展废污水减排、农废增效、绿地景观、基础服务设施和传统民居保护等方面的运维管理平台综合应用，并整合研究与开发成果，在东南地区不同省（区、市）开展工程示范，结合全过程进行整体开发成果的定性与定量的评估。

东南大学承担该课题及任务“传统民居保护监测与运维管理技术研究”。以CIM技术理论为支撑，提出“乡村信息模型”的概念，即“结合乡村环境特性，以建筑信息模型（BIM）、地理信息系统（GIS）、物联网（IoT）等技术为基础，整合乡村多维信息模型数据和基础设施数据，构建起三维数字空间和乡村信息有机综合体”。针对传统民居建设中“重建轻管”的现象，将民居保护监测技术与多元数字技术进行集成，研发村镇传统民居保护管理与服务系统模块，并将其作为产村产镇运维信息综合管理服务平台重要分支，构建面向传统民居智慧运维的“数据采集—融合匹配—智能分析—轻量显示—动态监控—预警预判—决策支持”等全链条技术集成应用体系。以低干预、轻介入的形式提升传统民居运维管理实效，建立新型管理模式与示范。

目录

第四章 数据融合与三维轻量化技术 / 43

第五章 平台数据接口导则 / 93

第一章
绪论

建筑运营维护管理阶段（运维阶段）与设计研发阶段、生产制造阶段、施工装配阶段一起，组成了建筑全生命周期。建筑整个生命周期所需成本的 80% 发生在运维阶段，而运维阶段 2/3 的损失是管理效率低下导致的[1]。中国乡村建设中无论是环境改善、基础设施建设还是民居保护利用，都存在“重建轻管”现象。虽然也有通过传感器和 RFID 芯片技术进行民居保护以及对民居热工环境等进行监测的研究案例，但总体来说，运维管理技术发展相对落后，高效信息化的运维管理与服务系统还没有得到全面的开发与应用。

随着第四次工业革命的到来，以物联网、人工智能、大数据等为代表的数字技术得到了快速的发展，改变了人类传统的思维及生产方式。建筑行业也不例外，在响应乡村振兴战略需求及实现农业农村全面现代化的发展目标的过程中，数字技术在助力民居优化及人居环境提升方面起着重要作用。一方面，以建筑信息模型(Building Information Modeling, BIM)技术为基础，结合物联网、大数据、云计算等互联网技术开发的数字孪生智慧运维平台在建筑管理方面具有可视化、可模拟、可协调、可预测等特点，能够在不对民居进行破坏干扰、低干预的前提下，运用多种计算性分析软件对民居质量进行评估。另一方面，基于对建筑现状的孪生还原，可以以目标和效果为导向对民居各要素进行模拟优化，在不搞大拆大建、保护文化遗产的同时挖掘民居保护更新的最优解。

CIM (City Information Modeling) 作为一种以建筑信息模型 (BIM)、地理信息系统 (GIS)、物联网（IoT）等技术为基础、耦合多源异构数据的城市信息模型平台，旨在整合城市多维信息模型数据和城市空间基础设施数据，构建三维数字空间的城市信息有机综合体。CIM 平台具有可视、可感、可控、可管、可模拟、可预见等特性，是数字城市的重要产物与载体。相比城市空间系统，村镇民居运维所包含的要素及体量要远小于城市，且民居周边功能模块清晰简单，因此，CIM 技术运用于传统民居运维可行性强。

1 EASTMAN C, TEICHOLZ P, SACKS R. BIM handbook: a guide to building information modeling for owners, managers, designers, engineers and contractors [M]. New Jersey: John Wiley & Sons Inc, 2011.

本书将面向村镇运维管理开发的智慧平台命名为“乡村信息模型”，即将城市信息模型（CIM）技术运用于乡村，对村镇多源异构数据进行集成，构建乡村信息有机综合体，并将该信息模型运用于传统民居，探究通过信息模型对民居进行综合运维并辅助决策的技术路线。

针对当下村镇传统民居运维信息化水平落后、管理效率低下的问题，将传统运维模式与物联网和信息模型技术相结合，介绍民居体系运维动态监测与管理关键技术，进而实现传统民居精准化监测和有效管控，为构建智能化、互动化、便捷化的数字乡村实时动态监测平台，研发集成化村镇预警预判决策支持模型提供依据。结合示范案例地区，对传统民居遗产保护、舒适度提升以及结构安全加固等智慧运维体系进行多维全面介绍。以集成系统平台为载体对影响传统民居性能的多源异构数据进行采集挖掘、智能分析与关联融合，以减排增效为导向建立辅助决策预测预警系统并开发网页端呈现界面，集成面向传统民居的乡村信息平台搭建技术路线、BIM 三维轻量化呈现、民居运维智慧预警等关键技术，编写基于 CIM 技术的传统民居智慧运维管理平台导论。

本书依托“十三五”国家重点研发项目“村镇运维信息动态监测与管理关键技术研究”，从理论到实践，对传统民居智慧运维技术方法进行深入研究，以低干预、高效率为导向形成民居运维数字化技术路线，形成集问题挖掘、智能分析、模拟优化、成果检验为一体的整套研究方法体系。采用多学科交叉协同的理论方法，通过数据采集、数据整合、数据库建立、数据监测、智能分析与优化，使得多学科的专业知识在计算机的平台上得到共享，克服传统专业间的边界与鸿沟，达到传统民居运维现状综合性分析、综合性处理的目的。采用多源数据融合匹配与动态监测技术，通过空间整合与智能判断对异构数据进行融合匹配与关联处理。基于运筹学、基因算法和机器学习算法，对多源数据进行智能分析，提供决策支持算法，对村镇传统民居所要监测和运维的多个方面进行预警预判、决策生成与自动管控。

通过多层次、多方位、多领域的海量数据采集与数据融合匹配，形成“感—联—知—用—融”的综合性数据集成与数据分析平台。通过智能感知数据并发处理技术承载海量传感器的低延时与高并发需求，实现村镇运维多方面的数据融合与动态监测，体现数据整合上的先进性。通过智能分析与决策支持计算模型，在村镇运维过程中实现设施管理的优化和预警预判，体现数据分析上的先进性。通过三维轻量化显示技术，使动态监测数据与空间及建筑三维数据相结合，实现网页端应用，体现监测技术上的先进性。最后整合研究与开发成果，在福建省南平市五夫镇开展工程应用示范，对全过程技术路线体系进行研究成果的定性与定量评估检验。

针对上述研究内容的核心部分，本书对传统民居智慧运维中基于 CIM 的管理技术路线、数据融合匹配与三维轻量化展示、运维管理平台数据接口以及预测预警技术进行了详细介绍，拟解决以下重要科学问题与关键技术问题：

（1）基于 CIM 技术的运维管理技术路线

梳理基于 CIM 技术的乡村信息平台搭建方法，挖掘传统民居智慧运维的模块层级以及相应的数字技术，明确各步骤实施的重点、难点及规范标准。

（2）多源异构数据关联与融合匹配

在传统民居运维多源信息采集的基础上，对数据进行挖掘，研究数据间的直接性关联和深层次关联，实现数据自动化的融合匹配，为进一步进行数据处理与平台开发奠定基础。

（3）基于 Web 端 BIM 轻量化三维可视化技术问题

基于通用 IFC 标准格式，实现对各类建模软件的数据接口连接，同时囊括建筑、交通、基础设施、地理等方面的内容。充分利用 WebGL2 等相关技术，实现高性能 BIM 几何信息的解析和访问，实现 10 亿个面在 Web 端的轻量化显示速度不低于 25 帧 / 秒。

（4）动态监控与预警技术问题

实现传感器及分析数据在平台端的实时监控与显示。整合多源数据，挖掘深层次决策支持模型。实现传统民居运维多目标自动化预警与预判机制。

本书根据传统民居保护运维的应用场景，对民居在环境、建筑构件等多个方面进行数据采集，通过对传统民居的实时监测与数据分析，建立运维管理的决策支持模型。环境监测包括热工环境、空气质量等，主要研究如何综合利用一系列传感器对温湿度、风环境、采光量、二氧化碳量等民居微气候进行实时监测。在建筑构件方面，主要是针对民居的安全性和功能性进行监测，包括构件强度、设备功能（如供电、管道等）、构件实时状态等。将这些多维传感器信息与模型信息进行整合，对整合的数据进行分析，建立决策支持模型，在监测的同时对民居的运维管理与保护进行预判，从而实现以 CIM 技术为基础，将传统民居监测技术与 BIM 信息、云计算、大数据、物联网等技术进行集成，构建传统民居运维信息综合管理服务平台，为建筑师与村镇管理者提供辅助决策与高效管理的支持。研究具体意义有以下方面：

（1）基于 CIM 技术搭建乡村信息平台，耦合多种数字技术，实现传统民居的实时监测与模型模拟，通过数据驱动传统民居状况的综合管理。将很难定性分析的传统民居现状通过模型算法实现量化评估，为乡村振兴战略下传统民居在改造与保护方面的平衡问题提供理论方法。

（2）融合 BIM、大数据、云计算、物联网等先进技术手段进行运维管理与预警预判。一方面提高基础设施水平，节约能源消耗，提高村镇生产与建设效率；另一方面降低民居运维与保护成本，助力现代化数字智慧农村与建筑工业化发展。

（3）立足于建筑学视角，以建筑结构学、建筑环境控制学、建筑遗产保护学作为理论支撑，对传统民居的室内外微环境及构件强度安全进行评估，把握关键监测节点并建立相关监测指标，从而实现对传统民居一体化运维监测与保护，为美丽宜居乡村建设提供系统而科学的指导。

（4）研究旨在切实实现乡村振兴战略中民居现代化建设及传统村庄保护与优化协同发展目标，具有深远的发展价值与经济价值。示范案例为天井式木构传统民居，此类民居在全国范围内具有较大存量，成果以点带面，对我国面广量大的村镇减排增效建设及传统民居遗产保护具有指导作用。基于 CIM 的动态监测与预测预警体系对于各级城市与建筑的智慧运维都具有借鉴意义。

本书第二章揭示当下传统民居研究背景与智慧运维的发展现

状，论述了传统民居智慧运维的迫切性与可行性；第三章介绍基于 CIM 技术的传统民居智慧运维技术路线，通过理论框架拆解，确定了技术路线的四大模块八个层级，明确了各个层级所依托的数字技术及实施方法；第四章总结民居运维相关多源数据融合匹配方法及三维轻量化呈现关键技术；第五章阐述该运维平台数据接口导则，为类似研究提供直观的代码参考；第六章结合国家重点研发计划研究示范点福建省南平市五夫镇搭建的乡村信息平台，介绍平台界面各模块功能，从环境舒适度、热舒适性、碳排放量以及结构安全四个方面进行民居管理示范；第七章总结基于 CIM 技术的传统民居智慧运维方法的技术创新点与研究价值，对研究的局限性与发展方向进行展望。

第二章
背景与现状

2.1 传统民居研究背景

2.1.1 乡村振兴发展战略

2021 年是国家“十四五”规划战略开局之年，随着国家乡村振兴局的正式挂牌，乡村振兴正式接棒脱贫攻坚，成为“三农”工作之重心[2]。中国作为农业大国，有着数千年的农耕文明。而中国的乡村基数庞大且有着丰富多样的自然田野景观与传统文化底蕴，隐藏着数以百万亿计的生态资产价值。党和政府历来高度重视农村发展，早在 2004 年中央就发布了新世纪首个有关“三农”的一号文件；2006 年和 2011 年分别在“十一五”和“十二五”规划中提出建设社会主义新农村，扎实稳步推进新农村建设以及搞好社会主义新农村建设规划，合理引导农村住宅居民点建设等战略发展目标；2016 年，“十三五”规划则要求加快建设美丽宜居乡村；2017 年的《政府工作报告》提出要建设既有现代文明，又具田园风光的美丽乡村；2017 年，党的十九大首次提出了乡村振兴战略；而自 2018 年以来，每年的中央一号文件都围绕乡村振兴，陆续提出了“美丽乡村”“田园综合体”等创新型乡村建设计划，不断地明确着不同时期乡村建设的意义、内涵、总体目标及重要任务等。诚然，民族要复兴，乡村必振兴！在我国脱贫攻坚战取得全面胜利之时，准确地把握乡村振兴的核心，科学高效地促进农业农村现代化一体发展，是乡村振兴战略发展的关键。

民居作为村镇的重要组成部分，是村民日常生活的主要载体，亦承担了部分村镇生产与生态建设的角色，在当下“三生融合”的发展愿景下，民居的优化与改造在乡村振兴战略下具有特殊的意义与重要性。而传统民居，作为古代劳动人民智慧的结晶，除了具有民居的基本性质外，还兼有历史文化价值。独特的形式以及巧夺天工的构造手法，使其成为村镇体系中的一颗明珠。在积

2 中共中央 国务院关于全面推进乡村振兴 加快农业农村现代化的意见[EB/OL]. (2021-02-21)[2023-04-04]. http://www.moa.gov.cn/ztzl/jj2021zyyhwj/2021nzyyhwj/202102/t20210221_6361867.htm.

极促进民居“三生”融合更新的同时，对传统民居进行保护，凸显历史文化魅力，是传统民居更新优化所面临的重要挑战。

2.1.2 民居现状

脱贫攻坚政策下的村镇因为追求建设效率，普遍存在“重建轻管”现象，对具有历史遗产价值的传统民居运维保护缺乏重视。村镇民居在建设过程中具有自组织、就地取材的特性，缺乏科学的建设标准及统一的组织结构。加上年代悠久，疏于管理，传统的测量管理方法工作量大，实施困难。此外，传统民居的运维管理还存在指标筛选与评估标准的问题。中国幅员辽阔，按建筑热工环境划分，共有严寒地区、寒冷地区、夏热冬冷地区、夏热冬暖地区及温和地区五大气候区域[3]，不同气候区拥有各具特色的传统民居类型，如北京的四合院、江南地区的徽州民居、中南部窑洞民居以及西南少数民族的多种特色民居等，各类民居面临的建筑运维管理问题差异巨大，解决途径更是不尽相同。复杂的背景环境导致对中国传统民居难以制定规范统一的运维指标，海量数据的积累所形成的民居数据库则对各类民居评判标准的建立具有重大意义。

以夏热冬冷地区为例：该地区具有气温较高、湿度较大、雨量足、昼夜温差小、无风或少风的特点，最热月平均温度高，相对风速较低，年平均相对湿度在60%以上，年平均降雨量超过800—1000 mm。地理位置上，夏热冬冷地区地势较低，多山地与丘陵，境内水网密布，地下水位高。其中位于亚热带季风气候区域的长江三角洲地区,年平均降雨量可在800 mm到1600 mm之间。夏季梅雨季节的特殊时期则更为显著，其间持续多雨，极其闷湿。夏秋时节沿海地区还常受热带风暴与台风的袭击，易有暴雨大风天气。独立的气候条件及地理位置给此地区的乡村建设带来了特殊的问题。就传统民居而言，因长时间处于湿热环境中，加之建筑布局及房屋建造多出于自发性及传统方法，缺乏科学的规划和

3　中华人民共和国住房和城乡建设部.民用建筑热工设计规范：GB/T 50176—2016 [S]. 北京：中国建筑工业出版社，2017.

设计技术，常常会遇到墙体脱皮、墙面结露、白蚁虫蛀等问题，这些问题长期危害房屋的安全性和耐久性。就舒适度而言，夏热冬冷地区湿度大，易滋生螨虫及霉菌，危害人体健康。目前主要采用的方法是通过空调进行降温除湿，但此方法效率低下且能耗大、费用高，久而久之还会导致危害人体健康的“空调病”。

种种现状表明对村镇传统民居的更新优化已经刻不容缓。更让人担忧的是，经过对江苏、浙江、福建、云南等多地的走访调研发现，各地政府在认识到传统民居的历史价值后，一般不允许老百姓擅自修缮改造，却也无法拿出实施性高的更新方案，这让民居状态愈来愈差。村民们为了生活品质，有条件的会选择搬到村镇附近的楼房里居住，而将具有历史文化价值的传统民居装饰成文化旅游景点来吸引游客。此类民居白天需要发挥商用价值，存在不当的改造与过度的开发；晚上则空无一人，缺少人员使用与维护。缺乏正常使用的传统民居的状况会越来越差，甚至可能酿成如云南翁丁村火灾的悲剧，让民居管理问题雪上加霜。

总而言之，村镇普遍存在的“重建轻管”现象已经让传统民居岌岌可危，现亟须一种切实可行的运维管理方法来改善传统民居的性能。

2.1.3 传统民居管理难点

相比现代民居及公共建筑，传统民居管理更加复杂，实际操作存在诸多难点，主要包括：传统民居具有自组织及无序性等特点，建设过程缺乏规范的建管标准及技术图纸，难以获取民居内部详细信息；传统民居多由多户家庭合住，使用人员组成各异，决策制定需要取得多方同意，家庭间利益的平衡存在挑战；农村基础设施相对落后，民居围护结构简单，让村镇居民生活习性与城市人口产生偏差。调研发现，不同气候区域的村镇民居在热舒适性、采暖制冷方式等方面均差异明显，很多标准规范难以直接运用；多数村镇存在采暖制冷、热水炊事等能耗设备相对落后，建筑管线管理复杂等问题。因此传统的运维管理方法难以被运用于传统民居，通过人工测量、随机抽测以及类比推理等方法无法准确、科学地反映传统民居问题。

此外，多部政府文件对村镇管理一方面提出保留乡村特色风貌，不搞大拆大建，因地制宜地保护传统民居的要求，另一方面又提出提高农村住宅质量，三年内完成安全隐患排查整治，实现农村危房改造的发展要求。传统民居因为其所蕴含的文化历史价值，作为村镇特色风貌的主要组成部分，应加以保护。但是因为建造历史久远，传统民居普遍存在安全隐患及舒适度差的问题，应通过改造加以优化。那么就存在更新改造与低干预保护之间的矛盾。

因此，可以将村镇民居的运维管理总结为“两低一高”的发展要求。首先是“低干预”。传统民居因为其自发性与传承性的特点，有些具有历史背景及文化价值，是村镇旅游及文脉延续的重要组成部分，对这类民居进行运维时应尽可能少地破坏房屋的原有肌理材质，呈现最原始的面貌。其次是“低污染”。在对民居进行管理以及安装相关设备时，应该注意清洁能源及绿色材料的使用，降低维护能耗，同时减少有害气体的排放，确保传统民居能够健康绿色运行。最后是“高效率”。运维管理应该对信息进行高效采集，尽量减少对村民正常生活造成的影响。

2.2 智慧运维研究背景

运营维护管理阶段（运维阶段）与设计研发阶段、生产制造阶段、施工装配阶段一起，组成了建筑全生命周期。对于单体的运维管理，大致可以从空间、资产、设备、安全、能耗五个方面展开。对于城镇尺度的运维，Xu 等[4]将城镇信息划分成建筑、运输、水体、机电设备（Mechanical,Electrical and Plumbing, MEP）、基础设施为主的五个主要模块。随着城市现代化以及建筑工业化的快速发展，传统的基于二维图纸的管理方法运维效率低、管理内容多、涉及人员杂。数字时代的到来促进了运维管理的智能化，

4 XU X，DING L, LUO H,et al. From building information modeling to city information modeling[J].Journal of information technology in construction，2014，19：292-307.

智慧运维的概念应运而生，即综合利用BIM、物联网(IoT)、云计算、人工智能(AI)等信息化技术来提高运维管理效率，优化建筑环境，提高建筑性能和改善使用者体验[5]。

2.2.1 第四次工业革命

2013 年汉诺威工业博览会上，德国率先提出了“工业 4.0”的概念，强调制造业的智能化以及适应性、资源效率性智慧工厂[6]。2016 年世界经济论坛把第四次工业革命定义为：集合物联网、3D 打印、机器人、人工智能、大数据等融合技术发展的智能型信息物理系统，以及所主导生产的社会结构性变革[7]。在这种全球智能化革命的趋势下，世界各国高度重视，提出了诸如“再工业化”等一系列政策措施。我国也于 2015 年提出了“中国制造 2025”，深入实施创新驱动发展战略，加强科技强国建设。不同于前三次工业革命旨在改变人们的生活方式，在当代全球多种能源生态危机的压力下，第四次工业革命更多地关注于改变人类社会的生产方式，挑战人们传统的思维行为模式。因此，如果说前三次革命是一种改善的话，旨在通过创新实现物理空间、网络空间和生物空间三者有机融合的第四次工业革命更像是一场颠覆传统维度的改革。

以建筑（Architecture）、工程（Engineering）以及施工（Construction）为代表的 AEC 行业体量较大，涉及面广。“工业 4.0”提出后，人工智能、物联网、虚拟现实、区块链等前沿科技与建筑和房地产市场的融合程度不断深化，以满足建造领域各环节更高层次的市场需求，提升能源效率。3D 打印、BIM 技术、装配式技术的发展和创新推动了建筑从制造到“智造”的改革贯穿于项目设计、施工与使用的全生命周期，并且充分体现出了第四次工

5 周俊羽，马智亮．建筑与市政公用设施智慧运维综述 [C] // 马智亮．第八届全国 BIM 学术会议论文集．北京：中国建筑工业出版社，2022: 405-412.

6 丁纯，李君扬．德国“工业 4.0”：内容、动因与前景及其启示 [J]. 德国研究，2014, 29(4) : 49-66+126.

7 安宇宏．第四次工业革命 [J]. 宏观经济管理，2016 (7) : 85-86.

业革命下绿色与智能化的主基调。

2.2.2 BIM

建筑信息模型（Building Information Modeling, BIM）的概念最早由伊斯曼（Eastman）[8]提出，即以三维模型为基础，对建筑工程项目物理特性和功能特性的数字化表达。BIM的概念自提出后，因为其可视化、集成化、模拟性、协调性等特点，得到快速发展，大幅度提高了AEC行业的信息化水平。在运维阶段，BIM技术不仅可以满足各主要模块同步模拟及数据存储的需求，还能实现与设计施工阶段的信息共享，提高信息准确性与建筑管理效率，因此成为智慧城镇运维的主要载体平台。但是城镇规模的体量信息较大且管理模式复杂，单一的BIM数据模型加上挂接的算量、图片、文档等直接运行起来效率较低。为了使BIM技术更好地运用于城镇维度的信息化建设，一方面需要对BIM模型进行轻量化处理[9-10]，另一方面则需要结合数字孪生技术[11]对模型进行转译融合。BIM作为单一的数据源，在轻量化和整合转译前需要对模型数据制定标准来定义统一的数据结构，使其与各种管理系统整合，给数据提供接口。目前比较大众的数据标准有buildingSMART组织制定的工业基础类（Industry Foundation Classes, IFC) 系列标准[12]、施工运营建筑信息交换(Construction Operations Building Information Exchange, COBie) 标

8 EASTMAN C, TEICHOLZ P, SACKS R. BIM handbook: a guide to building information modeling for owners, managers, designers, engineers and contractors [M]. New Jersey: John Wiley & Sons Inc, 2011: 1–30.

9 郭思怡，陈永锋 . 建筑运维阶段信息模型的轻量化方法 [J]. 图学学报 , 2018, 39(1): 123–128.

10 陈庆财 , 冯蕾 , 梁建斌 , 等 .BIM 模型数据轻量化方法研究 [J]. 建筑技术，2019，50（4）：455–457.

11 刘大同，郭凯，王本宽，等 . 数字孪生技术综述与展望 [J]. 仪器仪表学报 , 2018, 39(11): 1–10.

12 BuildingSMART. Home – Welcome to buildingSMART–Tech.org [EB/OL]. [2023–04–23]. http://www.buildingsmart–tech.org/.

准[13]、OmniClass（OmniClass Construction Classification System，OCCS）标准、LOD（Level of Detail）。胡振中等[14]已经对各类数据标准与模型详细程度要求进行了综述与比较，在此不做多余介绍。

2.2.3 大数据、云计算与物联网

2008年，*Nature*发布了一期题为"Big Data"的专刊[15]，提出了"大数据"这一概念。2011年，"大数据"被国际数据中心定义为"无法在一定时间内用传统数据库软件工具对其内容进行抓取、管理和处理的数据集合"。我国十分重视大数据技术的研发运用，2015年，国务院印发《促进大数据发展行动纲要》；2016年，大数据被列入国家"十三五"规划。目前，集数据的产生、获取、存储与分析于一体的大数据技术已经广泛运用于交通、医疗、教育、金融等各个领域。

考虑到数据的采集与传输，大数据与云技术、物联网技术结合紧密。所谓云计算（Cloud Computing）是指依托于互联网按需交付计算资源的服务，拥有将各种资源统一而实现数据的存储、分布式计算及管理的能力，具有超大规模、高可靠性、高可扩展性等优点[16]。通过将广域网或局域网内各系列资源通过分布式的方式进行管理，能够有效提高资源利用率，节约管理成本[17]。目前主流的商用云技术产品包括开源的Apache Hadoop、谷歌的GFS、亚马逊的EC2、微软的Windows Azure以及国内的阿里云（Alibaba Cloud）等。

说到数据前端采集，就不得不提到物联网技术。从宏观角度

13 WILLIAN E, NISBET N, LIEBICH T. Facility management handover model view [J]. Journal of computing in civil engineering, 2013, 27: 61–67.

14 胡振中，彭阳，田佩龙．基于BIM的运维管理研究与应用综述[J]. 图学学报，2015, 36(5): 802–810.

15 NATURE. Community cleverness required [J]. Nature, 2008, 455(7209): 1.

16 桂宁，葛丹妮，马智亮．基于云技术的BIM架构研究与实践综述[J]. 图学学报，2018, 39(5) : 817–828.

17 ERL T, MAHMOOD Z, PUTTINI R. 云计算：概念、技术与架构[M]. 北京：机械工业出版社，2014: 18.

来看，物联网是指通过信息传感设备(器),按照约定的协议,把任何物品与网络连接,联网中的物品均可寻址、可控制、可通信,实现信息的智能化管理与监控的一种网络[18]。因此，物联网的核心和基础平台依然是互联网，是能够按照约定的协议将万物与互联网链接，通过信息交换通信实现智能识别、定位、监测与管理的系统[19]。对于建筑运维领域，射频识别（RFID）装置、二维码、传感器、激光扫描仪等物联网设备能够采集建筑静态与动态多源信息，为数据管理分析提供底板。

大数据、云计算与物联网技术作为建筑运维的技术核心，已经广泛渗入建筑全生命周期的各个阶段，对人、机、物、法、环全方位进行管理协调。但是我国数字技术与建筑信息平台的结合在 2017 年后才开始展开[20]，对于数字建筑的运维管理还处于起步阶段，多源异构数据间的融合以及数字技术的交叉研究还不够深入。

2.2.4 数字孪生与 CIM

数字孪生作为物联网里面的一个概念，是指通过集成物理反馈数据，辅以人工智能、机器学习和软件分析，在信息化平台内建立一个数字化模拟[21]。数字孪生的概念模型最早出现于2003年，由 M. W. Grieves 教授在美国密歇根大学的产品全生命周期管理(Product Lifecycle Management, PLM)课程上提出，当时被称作“镜像空间模型”，而后被定义为“信息镜像模型”和“数字孪生”[22]。目前，以云计算、大数据、物联网等先进技术为主体的数字孪生

18 李志宇 . 物联网技术研究进展 [J]. 计算机测量与控制 , 2012, 20(6) : 1445–1448+1451.

19 ITU. ITU internet reports 2005: the internet of things [R].Geneva: ITU, 2005.

20 张云翼，林佳瑞，张建平 . BIM 与云、大数据、物联网等技术的集成应用现状与未来 [J]. 图学学报 , 2018, 39(5): 806–816.

21 刘大同，郭凯，王本宽，等 . 数字孪生技术综述与展望 [J]. 仪器仪表学报 , 2018, 39(11): 1–10.

22 GRIEVES M. Virtually perfect: driving innovative and lean products through product lifecycle management [M]. Florida: Space Coast Press, 2011.

技术在工业制造领域发展迅速。世界著名咨询公司 Gartner 连续两年（2017 年和 2018 年）将数字孪生列为十大战略性科技趋势之一[23]。作为物理世界的数字化映射，数字孪生技术在城镇运维阶段可将人、车、物、空间等城市数据全域覆盖，搭建可视、可控、可管的数字平台，建立一个与城市物理实体几乎一样的“城市数字孪生体”，打通物理城市和数字城市之间的实时链接和动态反馈，通过多源异构数据融合分析来跟踪识别城市动态变化，使城市规划与管理更加契合城市发展规律。在组织肌理与实施路径方面，传感器与无线射频识别等物联网技术被广泛运用于构件识别、设施定位以及环境监测方面的数据获取。而对于数据的整理交互与融合分析，则需要云计算、大数据、人工智能等技术的加持。

随着数字孪生技术与 BIM 的协同发展，各类技术在城镇运维中发挥着各自的价值。这些技术在清晰有序的集成架构下通过信息协作、分布式管理，可以充分扩展工程数据来源，挖掘海量数据中蕴藏的价值，达到协同发展的目的，具有良好的应用前景。

张建平教授团队对 BIM 与云、大数据、物联网等技术的框架及关系进行了梳理概括（图 2-1）。

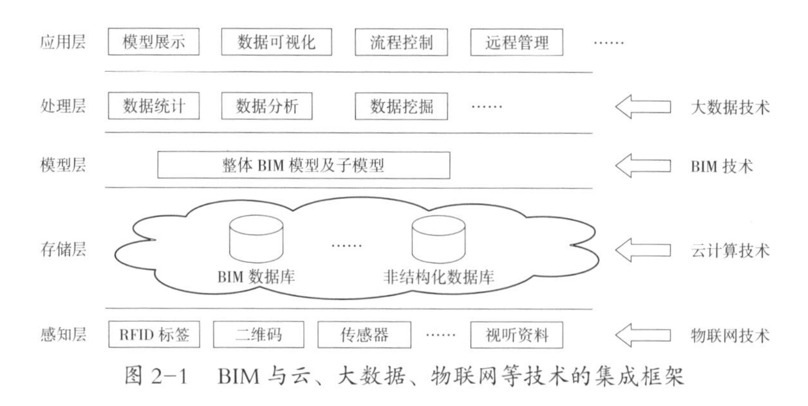

图 2-1 BIM 与云、大数据、物联网等技术的集成框架

23 BRENNER B, HUMMEL V. Digital twin as enabler for an innovative digital shopfloor management system in the ESB logistics learning factory at Reutlingen-University[J]. Procedia manufacturing, 2017, 9: 198-205.

在数字孪生的基础上，城市信息模型（City Information Modelling，CIM）最早由 Lachmi Khemlani 教授于 2007 年提出，早年被视为 BIM 技术在城市维度的应用。随着平台的发展，有学者开始尝试在发挥 BIM 在建筑信息集成方面优势的同时，加入宏观地理信息系统（GIS）数据，使得模型能够包含建筑内外微宏观集成模型。如今的 CIM 平台不同于数字孪生技术将物理世界数字化简单映射而成的孪生平台，CIM 模型还具有可预见、可模拟、可交互等特点，能够更好地促进使用者与城市互动，以达到辅助决策的目的。2015 年，中国工程院院士吴志强教授将 CIM 概念定义为城市智能模型（City Intelligent Model），在城市模型海量数据收集存储和处理基础上，更强调运用数据分析及解决问题。物联网（IoT）技术也逐渐与 BIM 和 GIS 一并成为 CIM 的主要技术支持。BIM 作为建筑信息的载体，是城市模型的组成细胞(cells)，而 GIS、IoT 作为 CIM 的底板（Foundation），为城市模型提供多源的数据接口。随着数字技术的快速发展，如今的 CIM 平台也不仅仅是 BIM、GIS、IoT 三者的相加，成熟的 CIM 模型还结合了大数据、互联网、云计算、机器学习等技术，实现从动态数据输入到可视化、交互性的整体运维效果，助力城市各级系统的智能化并辅助应用端进行预测预警与决策分析。因此，CIM 技术是以建筑信息模型 (BIM)、地理信息系统 (GIS)、物联网（IoT）等技术为基础，通过整合多源异构数据而构建的三维数字空间和城市信息有机综合。相比数字孪生将物理世界进行数字化的直接映射，CIM 技术有以下 3 个特点：① 以预见未来为目标；② 通过智能分析辅助决策；③ 强调平台的交互性[24]。其详细技术框架如图 2-2 所示。

2.2.5 多元数字技术集成

在国内外为数不多的研究 BIM 与云计算、物联网、大数据等数字技术集成方法的文献中，大多数研究重心集中在设计与

24 吴志强，甘惟，臧伟，等．城市智能模型 (CIM) 的概念及发展 [J]. 城市规划，2021(4):106–113.

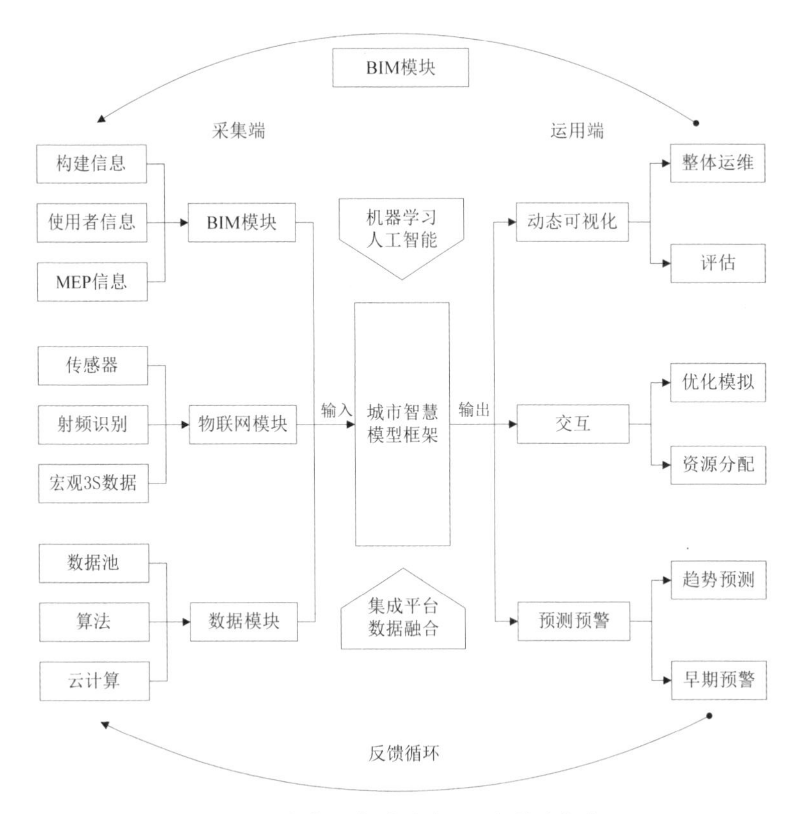

图 2-2　城市信息模型（CIM）技术框架

施工阶段，重视施工的可序性及设计管线的处理等，与运维阶段监测数据交互融合的侧重点有一定偏差，可借鉴性不强，而研究运维阶段数字集成的研究深度与技术交叉性尤为不足。其中周颖等[25]为了解决 Revit 到 IFC 数据会丢失重要信息的问题建立了一套从 IFC 建模语言 EXPRESS 到 Java 语言再到关系型数据库 MySQL 的映射规则。王亭等[26]在研究建筑设备运维时，认为关系型数据库难以在大数据环境中提供足够的性能，研究出了一种结

25　周颖，郭红领，罗柱邦．IFC 数据到关系型数据库的自动映射方法研究 [C]. 第四届全国 BIM 学术会议论文集．合肥：中国图学学会，2018：311–317.

26　王亭，王佳．基于 BIM 与 IoT 数据的交互方法 [J]. 计算机工程与设计，2020, 41(1): 283–289.

合 NoSQL 数据库和 Hadoop 文件库的 BIM 与 IoT 交互方法。类似的，Ma 和 Sacks[27] 提出了一种基于云的 BIM 平台信息交换方法，基于 MongoDB 的 NoSQL 数据库实现 IFC 格式数据的存储与共享。在 BIM 大数据的处理框架上，目前大都采用 MapReduce 框架[28]，Chang 和 Tsal[29] 对 Hadoop MapReduce 框架进行了改进，使其适宜处理 BIM 数据（MR4B）。张云翼[30] 则在进行建筑运维期能耗管理分析时，为了突破关系型数据库在可用性、灵活性、扩展性等方面的缺陷，以 HBase 数据库为基础实现了多源异构数据在分布式数据库中的存储方法。

各项技术的集成运用方法尽管受到越来越多学者的重视，但是在数据存储、传输、交互、清洗、分析阶段仍面临着一些技术壁垒。目前多源异构数据整理与分析的方法尚未形成标准处理方法，各种前期的集成方法研究缺少实际项目的长期示范支撑，难以保证技术的可行性。国家亦高度重视建筑信息工业化的发展，"十三五""十四五"规划接连提出诸如《建筑业信息化发展纲要》等政策文件，旨在增强 BIM 与云计算、大数据、物联网等技术的集成应用能力。习近平总书记在中共十九大报告中也明确指出，要"推动互联网、大数据、人工智能和实体经济深度融合"，多元数字技术的集成运用是大势所趋且前景广阔。基于多元数字技术融合的智慧运维管理可以加强信息协作，完善分布式管理模式，扩展工程数据来源，挖掘海量数据中蕴藏的价值，支持智慧型决策，降低运营成本，具有广泛的经济与社会效益。

27 MA L, SACKS R. A cloud-based BIM platform for information collaboration [C] // Proceedings of the 33rd International Symposium on Automation and Robotics in Construction. Auburn: IAARc, 2016: 513–520.

28 BILAL M, OYEDELE L O, QADIR J, et al. Big Data in the construction industry: a review of present status, opportunities, and future trends [J]. Advanced engineering informatics, 2016, 30(3): 500–521.

29 CHANG C, TSAI M. Knowledge-based navigation system for building health diagnosis [J]. Advanced engineering informatics, 2013, 27(2): 246–260.

30 张云翼 . 基于 BIM 的建筑运维期能耗大数据管理与分析 [D]. 北京：清华大学 ,2020.

2.3 传统民居智慧运维

2.3.1 数字乡村发展目标

数字乡村作为农业农村现代化建设的重要一环，被乡村振兴局列为重点扶持的项目之一。对于运维阶段，我国在《数字乡村发展战略纲要》[31]（简称《纲要》）中明确提出到 2035 年，数字乡村建设取得长足进展，基本实现乡村治理体系和治理能力现代化，建设农村人居环境综合监测平台的远景目标。《纲要》从生活、生态、生产“三生”融合的角度按照数字技术特有的“全过程、全要素、全参与方”属性进行了规划，并明确提出在 2050 年全面建成数字乡村的发展目标。

BIM、云计算、大数据、物联网等数字技术的交互集成使得对村镇民居进行科学高效的运维管理成为可能。BIM 在村镇民居的设计、施工、运维等阶段以及装配式建造技术中具有不可替代的作用，助力进度、质量、安全、成本等管理；传感器、蓝牙信标以及 RFID 等物联网技术的运用则可以实现从宏观到微观的海量动态时序数据的采集；云计算以及大数据技术则可以为实测数据进行传输与存储；因此多元数字技术均可在乡村建设中有所建树。通过将 BIM 与物联网、大数据、云计算等数字孪生技术集成应用，能够有效加速乡村现代化建设，为民居运维管理提供低干预、高效率的解决方法。村镇民居运维所包含的要素及体量要远小于城市，且周边功能模块相对清晰简单，因此集成多元数字技术，基于 CIM 技术对村镇民居进行运维有很强的可实施性与积极作用。

2.3.2 乡村信息模型平台

面对数字乡村的政策发展目标，乡村信息模型的概念应运而生。乡村信息模型可以定义为结合乡村环境特性，基于 CIM 技术，以多元数字技术为基础，整合乡村多维信息模型数据和乡村空间

31　中共中央办公厅 国务院办公厅印发　数字乡村发展战略纲要 . 农村大众报，2019-05-17(2).

基础设施数据，构建起三维数字空间和乡村信息有机综合体。作为城市信息模型在村镇地区的衍生，乡村信息模型离不开 BIM、GIS、IoT、大数据等数字技术的支撑。目前国内已经有很多学者对数字技术在乡村中的运用进行了研究，绝大多数文献集中于 2014—2022 年；在智慧运维技术运用方面的研究大多在 2017 年后，并呈快速增长态势，可见与国家发展政策有着紧密联系。截至 2022 年，国内各类数字技术相关研究文献均达百余篇且研究质量不断上升，引用量亦呈快速追赶趋势。

考虑到地域经济文化差异，欧美乡村人口教育水平较高，人均耕地面积庞大，并且土地性质与国内存在差异，因此其相关研究不能完全适应中国特色的村镇运维管理。通过对国内研究资料的整理分析发现，单一数字技术在村镇建设中已经得到广泛应用。在 BIM 的运用方面，伍锡梅等[32]基于 BIM 信息模型搭建了绿色生态数字化平台，对村镇传统民居的能耗进行了监测模拟。另外在传统民居的改造方面，BIM 亦能辅助环境模拟与设计策略的生成[33-34]。GIS 技术在乡村主要运用于宏观地理位置信息的捕捉与评估，能够有效帮助历史街区进行遗产保护[35-36]。而面对村镇运维管理的多源时序动态数据，物联网技术的运用则更加广泛。如冯立波等[37]运用物联网技术，并结合关系型数据库 Microsoft SQL Serve 2005 对数据进行处理而实现了对民居污水排放情况的实时监测；张宇等[38]通过搭建农业小气候数据监测站对农村气候微环

32 伍锡梅，田曼丽，江爱军 .BIM 技术与传统民居绿色能耗交互协同平台搭建的探析：以重庆市走马古镇民居为例 [J]. 城市建筑，2020,17(5):70-73+79.

33 李刘蓓，于冰清，夏晓敏 . 基于 BIM 技术的传统民居适宜性改造研究：以石门村窑洞民居为例 [J]. 中原工学院学报，2020,31(5):34-38.

34 任登军，王哲，徐良 . 基于 BIM 技术的冀中南传统民居物理环境模拟与优化探析 [J]. 建筑节能，2017,45(2):69-71+80.

35 康勇卫，梁志华 . 我国 GIS 研究进展述评 (2011—2015 年)：兼谈 GIS 在城乡建筑遗产保护领域的应用 [J]. 测绘与空间地理信息，2016,39(10):24-27+32.

36 胡明星，董卫 . 基于 GIS 的镇江西津渡历史街区保护管理信息系统 [J]. 规划师，2002(3):71-73.

37 冯立波，左国超，杨存基，等 . 基于物联网的农村污水监测系统设计研究 [J]. 环境工程学报，2015,9(2):670-676.

38 张宇，张厚武，丁振磊，等 . 农业小气候数据监测站的设计与实现 [J]. 计算机工程与设计，2016,37(8):2072-2076.

境进行数据采集与监测。物联网技术涉及微环境评估、结构安全、环境健康[39]等众多村镇管理重要领域。此外，大数据[40]、倾斜摄影[41]、云计算等数字技术均在国内乡村地区进行了尝试应用。

但是，单一的数字技术显然不能满足对民居全面一体化运维的需求，多源的数字技术集成运用才是发展的方向。近年来，已经有学者进行了多种数字技术集成运维传统民居的研究尝试，如杨继清团队[42]将 BIM 技术和 RFID 芯片技术联合运用在了云南大理白族传统特色民居上。廖庆霞等[43]就浙江民居木结构传统民居特性，提出传感器技术结合 BIM 构建自然因子的检测系统。许娟等[44]将 BIM 与 GIS 数据、气象数据和外部环境数据结合，对冀中南传统民居物理环境进行分析与优化。杨维菊团队[45]以建筑信息模型为平台，对江南村镇住宅可行性进行探索，提出集约化建房模式。多种数字技术的结合往往可以使监测的数据更加全面、精细、准确，运维的内容更加全面综合，如 BIM 技术与物联网技术的结合，使得物联网数据有了可视化程度更高的载体；BIM 数据与 GIS 数据的结合，使民居外部气候微环境可以更直观地体现在民居品质上。综上，村镇地区运维管理相关数字技术研究正处于快速发展阶段，通过多源异构数据融合搭建乡村信息模型在村镇系统运维领域大有可为且是大势所趋。

39　谢静芳，董伟，王宁，等．吉林省冬季燃煤民居室内 CO 污染监测分析 [J]. 气象与环境学报，2014,30(1):75–79.

40　杨鑫，汤朝晖．基于 SPSS 统计分析的河源客居形态研究 [J]. 小城镇建设，2021,39(3):89 – 98.

41　付春苗．数字摄影在地方古民居保护中的应用研究 [J]. 城市地理，2017(10):217–218.

42　刘新月，杨继华，杨继清，等．基于 BIM 技术的装配式建筑在特色民居中的应用 [J]. 山西建筑，2020,46(1):26–28.

43　廖庆霞．基于传感器技术构建自然因子对传统民居影响的监测系统：以浙江民居为例 [D]. 苏州：苏州大学，2018.

44　许娟，鲁子良，侯超平，等．基于 BIM 平台的传统民居建筑保护与更新教学实践研究 [J]. 建筑与文化，2019(9):42–43.

45　程呈，杨维菊 .BIM 技术在江南村镇住宅设计中的可行性研究 [J]. 中外建筑，2014(4):48–50.

2.3.3 智慧运维管理平台研究现状

智慧平台作为数字技术高度融合的产物正在快速渗透进人类生产生活的各个领域，土木建筑行业亦不例外。从项目前期设计信息收集到工程施工智慧工地，从建筑建材生产到项目建成运维，管理平台的运用无处不在。通过集成物联网数据采集、大数据智能分析、“互联网 +”交互融合等数字技术优势，平台能够将多源信息进行系统、可视化、模块化的呈现，能够有效提高智慧工地[46-47]、工程勘察[48]等信息量大、组成要素交错复杂的项目的综合监管效率，在大大降低建设管理成本的同时提高管理精度，已经逐渐成为项目施工勘察的必备支撑。然而，数字管理平台在运维端的应用及优势则更为广泛。相比施工管理平台运用摄像头、RFID 等对人员、设备信息等进行的监控与协调[49]，智慧运维管理平台更需要图形化地呈现建成项目的性能现状，将 BIM[50-51]、传感器动态监测[52]等数字技术耦合，从安全、人居环境、构件性能等多维度进行综合运维。宏观层面的智慧城市研究往往以 CIM 平台为基础，以 BIM、GIS、物联网技术为底板，对城市交通[53]、社

46 张志伟，曹伍富，苑露莎，等．基于 BIM+ 智慧工地平台的桩基施工进度管理方式 [J]. 城市轨道交通研究 ,2022,25(1):180–185.

47 马凯，王子豪．基于“BIM+ 信息集成”的智慧工地平台探索 [J]. 建设科技 ,2018(22):26–30+41.

48 周长安．工程勘察质量信息化管理系统构建与实证研究：以重庆为例 [D]. 重庆：重庆大学，2020.

49 黄建城，徐昆，董湛波．智慧工地管理平台系统架构研究与实现 [J]. 建筑经济 ,2021,42(11):25–30.

50 张世宇，林必毅，余丽丽．基于 BIM 的智慧建筑运维实现方式及价值研究 [J]. 智能建筑与智慧城市 ,2018(12):41–43+46.

51 万灵，陶波，李佩佩，等．基于 BIM 的智慧楼宇运维平台开发研究 [J]. 施工技术 ,2019,48(S1):292–295.

52 陈苏．基于 BIM 及物联网的城市地下综合管廊建设 [J]. 地下空间与工程学报 ,2018,14(6):1445–1451.

53 张健，陈兵，刘宁．城市轨道交通工程建设项目施工社会风险评价分析：以青岛轨道交通工程 13 号线为例 [J]. 水利与建筑工程学报 ,2016,14(6):174–178+189.

区[54]、管廊[55]等进行综合管理。微观智能建筑的运维管理研究也已得到了广泛应用，目前建筑运维管理平台多应用于医院[56]、学校[57]等大型公共建筑，用来保障医患、学生等重点人群日常生活的安全与健康，而对于文保遗产建筑的运维管理研究不够充分，大多停留在框架与理念阶段[58]。文保建筑的运维更加强调低干预与轻介入，应减少运维设备安装对既有建筑风貌及运营的影响。不仅如此，历史遗产建筑在电气管网方面普遍比较陈旧，诸如 Wi-Fi 等信号传输基础设施覆盖不够完全，导致运维管理难度大，干扰要素多，极具挑战。考虑到传统民居这类历史遗产建筑较现代建筑安全性能风险大，普遍存在多导向优化更新的需求，因此运维管理意义重大，急需开展平台研发工作。此外，历史文保建筑内部构件构成复杂，状态各异，对建筑模型平台端呈现信息的全面性及响应效率要求高，应兼顾构件属性查看、剖切面信息可视化呈现等功能，势必需要突破平台 BIM 模型三维轻量化显示技术。考虑到辅助优化更新以及适时的管控需求，高质量运维平台亦要兼顾预测预警功能，同步完成算法模型的搭建。

因此，面向传统民居这类文保遗产建筑的智慧运维平台研究还不够深入，兼顾信息模型轻量化呈现及预测预警功能的乡村信息模型平台搭建还存在诸多瓶颈。

2.3.4 传统民居智慧运维研究意义

随着国家乡村振兴战略的不断深化，中国传统民居普遍存在的“重建轻管”问题理应得到广泛重视。然而由于传统民居特有

54　韩青，袁钏，牟琼，等．基于 CIM 基础平台的老旧小区改造应用场景 [J]. 上海城市规划，2022(5):25-32.

55　毕天平，孙强，佟琳，等．南运河管廊智慧运维管理平台研究 [J]. 建筑经济，2019,40(3):37-41.

56　张敬，杨华荣，张浩，等．智慧医院可视化运维管理平台建设探讨 [J]. 智能建筑电气技术，2022,16(1):55-58+62.

57　于长虹．智慧校园智慧服务和运维平台构建研究 [J]. 中国电化教育，2015(8):16-20+28.

58　李哲，苏童．历史建筑智慧化管理运维智慧平台技术研究 [J]. 生态城市与绿色建筑，2021(1):32-35.

的历史遗产价值，在运维管理过程中应奉行“低干预、轻介入、低能耗”的原则，传统的运维管理方法面对具有无序性与自组织性的传统民居可实施性差。而数字技术的快速发展正好可以弥补这个难点。BIM、云计算、大数据以及物联网等数字技术的出现为建筑全方位、多尺度的运维数据高效采集提供了可能。通过对近年来的文献梳理发现，尽管单一数字技术在传统民居中已经得到广泛应用，但是多元数字技术的融合使用才是发展方向。目前多源异构数据的融合依然存在壁垒，海量数据的运算效率难以保证，需要对数据接口方法展开梳理并对模型数据进行轻量化调整。因此本书针对这些瓶颈与壁垒，详细介绍了基于CIM技术的传统民居智慧运维平台搭建技术路线，并对传统民居运维管理中多源异构数据融合匹配、三维轻量化显示关键技术与运维管理平台管理导则进行了详细介绍。本研究成果具有以下价值：

（1）提供了一种低干预、高效率、高精度且适用性广的村镇传统民居运维管理方法。

（2）通过多层级、多学科、多领域的合作，搭建了一个高度集成的多源异构数据融合数据库。

（3）三维可视化的交互管理方法打破了传统二维图纸表格管理方法的限制，实现了现实环境与数字模型的联动。

（4）为传统民居优化更新提供了一种集要素提取与模拟优化于一体的改造路径。

（5）基于平台技术实现了多种民居潜在风险以及自然灾害的科学预测，规避了风险。

（6）通过数据整合与分析预测，实现了民居的远程环境管控与智能运维。

综上，本书研究意义如下：

（1）顺应时势，指向明确。本书研究顺应了中国乡村振兴发展战略，科学分析农业农村现代化发展的实际需求，与国家科学技术发展方向相契合。农业作为中国第一大产业，中国村镇发展需求旺盛，本书研究通过全方位多导向的运营维护，降低了村镇生产能耗成本，促进了绿色生态环境建设，提高了居民生活舒适度，有利于实现“三生融合”发展的目标。

（2）视角独特，理论多样。紧扣当下快速发展的数字孪生与建筑工业化研究，技术可靠，方向鲜明。基于 CIM 技术，通过多层次、多方位、多领域的海量数据采集与数据的融合匹配，形成综合性数据集成与数据分析平台，有效提高了村镇民居管理水平与效率，实现了数字赋能农业农村发展现代化。基于运筹学、基因算法和机器学习等，对数据进行智能分析，挖掘民居更新重心，方法科学，可行性高。

（3）应用实证，方法科学。本书研究依托国家重点研发计划“村镇运维信息动态监测与管理关键技术研究”，与南平市五夫镇签订合作协议，对传统民居智慧运维展开实操示范，确保了研究的可实施性。相关模拟计算平台开源且研究成果丰富，经过国内外学者的检验，稳定性及准确性得到了验证，受到了乡镇政府的欢迎与重视，可行性高。

（4）以点带面，意义深远。研究成果对我国面广量大的乡村建设运维及传统民居品质提升具有重要的借鉴作用。挖掘民居现代化建设及传统村庄保护协同发展潜力，具有深远的发展价值与经济价值。所运用的动态监测与分析预警方法对各级城市与建筑的智慧运维具有借鉴意义。所开展的天井式民居健康舒适度与结构安全评估对我国夏热冬冷地区的乡村遗产保护、民居减排增效以及清洁能源建设工程都有引导作用。

第三章

基于 CIM 技术的传统民居智慧运维技术路线

3.1 理论框架

本节主要介绍面向传统民居智慧运维的乡村信息模型平台搭建方法。基于 CIM 技术理论，技术框架包括模型模块、采集模块、整合模块以及应用模块（图 3–1）。通过综合运用了 GIS（地理信息系统）、RS（遥感技术）、GPS（地理定位系统）、BIM 技术、物联网、云计算、统计算法、机器学习、数学模拟等技术，耦合多源异构数据，实现民居的智慧运维。

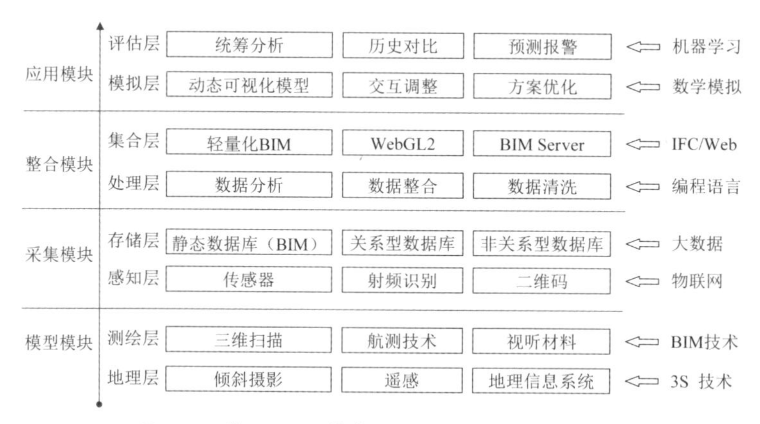

图 3–1　基于 CIM 技术的传统民居运维技术框架

3.1.1 模型模块

针对民居存在无序性且缺乏技术图纸的特性，模型模块的置入能够高效地完成传统民居数字孪生建模。首先，地理层 3S 技术（GPS、RS、GIS）[59] 以及无人机倾斜摄影的运用，能够对村镇整体环境信息进行宏观采集，对水景、绿地、民居以及基础设施等体量关系进行基础定位。在掌握了目标民居的地理信息后，以点云技术为基础的三维激光扫描技术能够通过计算机视角逻辑高效地获取物体表面三维信息并实现三维立体测绘。由于三维扫描

59　QIAN Y, LENG, J. CIM-based modeling and simulating technology roadmap for maintaining and managing Chinese rural traditional residential dwellings[J]. Journal of building engineering, 2021, 44: 103248.

仪对于屋顶等外部模型数据采集存在一定的局限性，故需应用以遥感及倾斜摄影为基础的航测技术来弥补。建立民居模型时一般采用旋翼无人机在真空 300 m 以下进行数据采集，并通过空中三角测量（Aerial Triangulation）对点云进行加密，从而生成高精度的数字表面模型（Digital Surface Model, DSM）。接着通过找到与三维扫描点云模型重叠的数据，生成可视化高的数字点云模型。最后基于 BIM 技术，结合现场勘验，完成点云模型向数字实体模型的转换，实现三维逆向建模。整个过程具有非接触、高效率、高密度、低成本、全数字化的特性，满足传统民居测绘领域对效率与保护方面的要求。

3.1.2 采集模块

采集模块包括感知层与存储层，主要用于采集存储多种时序（时间顺序）动态数据，是传统民居运维管理分析科学性的重要保障。感知层主要基于物联网技术，运用传感器等感知仪器实现自动、实时的大规模工程数据采集。应用于传统民居监测感知的设备按其功能主要分三大类：用于采集物理环境的微环境传感器，如温湿度传感器、照度传感器等；用于评估民居安全性的结构类传感器，如应变计、加速度传感器等；用于监测使用者人行为的感知仪器，如蓝牙信标、能耗计等。在感知仪器布设点方面，目前已经有很多基于数学模拟辅助遴选有限监测点的研究[60]，综合运用聚类分析[61]、空间插值[62]、计算流体力学（Computational Fluid Dynamics, CFD）、有限元模型等模拟算法，首先将传统民居空间进行划分，然后通过数字模拟辅助传感器布设，接着运用云计算

60 曹世杰，任宸，朱浩程 . 基于有限监测与降维线性模型耦合预测的暖通空调系统在线监控方法与策略 [J]. 建筑科学，2021(4): 83-91.

61 CAO S J, DING J, REN C. Sensor deployment strategy using cluster analysis of Fuzzy C-Means Algorithm: towards online control of indoor environment's safety and health [J]. Sustainable cities and society, 2020(59): 102-190.

62 XU D, ZHOU D, WANG Y, etal. Temporal and spatial variations of urban climate and derivation of an urban climate map for Xi'an, China[J]. Sustainable cities and society,2020, 52: 101850.

技术将数据传输至云平台，最后使用恰当的数据库在存储层实现分布式存储。实际操作流程可以概括为：明确实采数据—筛选感知仪器—布设安装点位—遴选适用数据库。

在数据存储层，除了将模型模块的静态数据通过 BIM 技术进行存储外，还要对通过云计算平台传输而来的海量多源异构时序数据进行并行存储操作，基于大数据技术的数据库可以很好地满足这些条件。以面向对象数据库（Object-Oriented Database, OODB）为目标的非关系型数据库（Not only SQL Database, NoSQL）可以更直接、高效地处理分布式环境中的海量时序数据。而结构化查询语言（Structured Query Language, SQL）数据库可以更简洁高效地存储静态数据，包括采集数据的传感器 ID 和阈值范围等。因此，综合使用 SQL 和 NoSQL 数据库才能实现采集数据的存储与管理。

3.1.3 整合模块

为了让实测数据准确高效地服务于应用模块，处理层需要对各类实测数据进行清洗、降噪与挖掘。对于动态不间断监测而来的海量数据，传统统计方法不仅工作量巨大，处理缓慢，而且容易出现差错，难以实现不同类型数据间的联动。通过专业编程语言处理系统，可以快速清洗错误数据，并运用既有函数及算法使多源数据交叉融合，生成多样图表，方便发现数据之间的关联性及潜在价值。集合层是 CIM 平台可视化呈现的关键。超文本标记语言 5（HTML5）以及 2017 年 WebGL2 应用程序编程接口（WebGL2 API）的发布，为基于 Web 的 3D 交互式渲染提供了可行性。将 BIM 数据通过 IFC 标准在 WebGL2 界面中运用诸如 IfcOpenShell 等插件可以实现几何信息的可视化解析与访问，通过将解析后的数据上传到 BIM 服务器（BIM-Server），把 IFC 文件解析为轻量化三角网格数据，从而将静态设备数据与时间序列数据通过统一的 API 连接起来，完成动态可视化 CIM 平台的搭建。

3.1.4 应用模块

对于平台耦合存储的海量多源数据，其实际应用可以分为两个方面。一方面是将监测数据与数学模拟融合，通过实测数据辅助交互式训练优化模拟数据库，从而将修正后的数学模拟参数运用于传统民居的优化与维护设计中。目前随着仿真模拟软件的快速发展，实测数据能够有效地帮助模拟软件设立边界条件，修正模拟参数，在物理环境模拟以及结构有限元模拟方面都得到了广泛运用。另一方面，基于运筹学、人工智能等技术，对实测数据进行统计分析与机器学习，实现多维度、多目标的分析预测。通过交互式的对比分析，进行预警预判，生成评估方案，从而为管理者对民居的维护管理提供理论依据与量化支撑。

3.2 传统民居运维数据采储

3.2.1 模型数据

数字三维模型作为数据信息记录和可视化呈现的载体，是传统民居多源运维数据在平台端三维可视化呈现的基础。从表 3-1 中不难看出，支撑平台的基底搭建的模型数据内容大概可以分成村镇维度的宏观整体环境数据以及微观民居单体模型数据。模型数据的采储主要对应技术框架中模型模块的地理层与测绘层。整体而言，对于村镇层级的宏观数据采集，首先应运用 GPS、RS、GIS（3S）技术以及无人机倾斜摄影，对村镇水景、绿地、民居以及基础设施等体量关系进行基础的定位。至于民居单体的微观层级，应以三维激光扫描技术为支撑，加以人工调研辅助进行记录。将定位后的传统民居单体各类建筑信息基于 Revit 软件进行分布式细节数据存储，以 BIM 技术为支撑完成三维逆向建模。

基于点云技术的三维激光扫描及无人机倾斜摄影技术，能够高效地通过计算机视角逻辑获取物体表面三维信息并实现三维逆向建模。具体来说，在经过充分的场地踏勘及照片采集后，首先应根据民居的平面构造及空间大小、复杂程度进行站点布设，在进行分站测量扫描的同时确保相邻扫描点影响具有足够的重叠度，根据三点确定一个平面的原则进行标靶扫描，生成点云模型。在实现快速三维逆向建模的同时，在 BIM 平台上同步赋予模型材质信息。三维扫描仪对于屋顶等特殊视角的扫描存在局限性，倾斜摄影技术的运用则可以很好地弥补这个问题。通过搭载多台摄像头的飞行器在设计好的航线上从垂直、倾斜等不同角度对图形数据进行采集，可以获得目标模型全面完整的信息（图 3-2）。

表 3-1　模型数据采集内容与方式

层级	具体内容	获取方式	软件支撑
村镇级	村镇位置 / 整体尺度	GPS/ 倾斜摄影	ContextCapture/ Cesium
村镇级	周边水系 / 绿地景观	GIS/ 遥感	ArcGIS/ENVI
村镇级	宏观人流量	LBS/GIS	—
民居级	民居细节测绘	航测技术 / 三维激光扫描	Trimble Realworks/ ContextCapture
民居级	居民信息	调研采访	CIM 平台
民居级	民居空间拓扑关系	空间句法 / 空间插值	Revit（建筑）
民居级	建筑材料	人工记录	Revit（族信息）
民居级	建筑管网 / 设备	三维激光扫描 / 人工采集	Revit（机械）
民居级	传感器布点	人工记录	Revit（族信息）

单组影像获取

空中三角加密

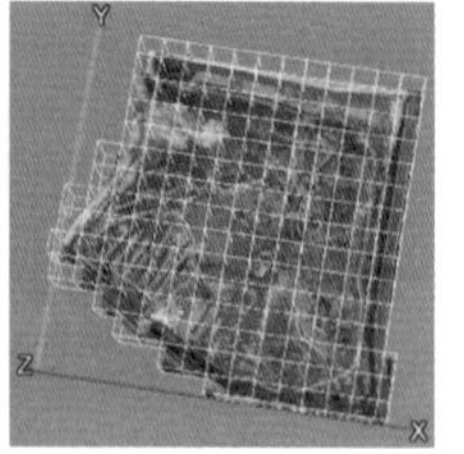

密集匹配

图 3-2　倾斜摄影扫描步骤

总而言之，三维数字模型生成阶段，在基于 3S 技术生成村镇宏观环境后，综合运用三维扫描技术与遥感摄影测量技术，基于点云模型，进行逆向建模，其主要流程为：现场调研—站点布设—数据拼接—点云清洗处理—模型整合—形成三维模型。

3.2.2 时序数据采集

在基于 CIM 的传统民居智慧运维体系中，时间顺序（时序）数据的采集模块包括感知层与存储层。感知层主要基于物联网技术，通过运用传感器、蓝牙信标等感知仪器实现自动、实时的大规模工程数据采集，并在存储层通过云计算技术传输到租用的公有云（如阿里云）平台，实现异地动态数据网页端云存储。在实际应用中，该阶段需要解决的主要问题包括明确实采数据、筛选感知仪器、布设安装点位。

（1）明确实采数据

针对长期无间断动态监测所产生的海量数据，应尽量减少数据量的压力，提高运算速度，精简实际采集的数据内容。一般对于普通传统民居，综合考虑健康舒适度、安全韧性以及绿色低碳等运维导向，常见相关时序数据类型汇总于表 3–2。

表 3–2 传统民居智慧运维相关数据类型及采集方式

数据类型	监测内容	获取方式	采集用途
气候环境	室外空气温度	温度传感器 / 室外气象站	季节天气评估
气候环境	室外空气相对湿度	湿度传感器 / 室外气象站	季节天气评估
气候环境	室外光照度	照度计 / 室外气象站	季节天气评估
气候环境	室外风速	风速传感器 / 室外气象站	季节天气评估
气候环境	室外风向	风向传感器 / 室外气象站	季节天气评估
气候环境	大气压力	气压传感器 / 室外气象站	季节天气评估
气候环境	雨量	雨量计 / 室外气象站	季节天气评估
物理环境	室内空气温度	温度传感器	人体舒适性评估
物理环境	室内空气湿度	湿度传感器	人体舒适性评估
物理环境	室内黑球温度	黑球温度传感器	人体舒适性评估

续表

数据类型	监测内容	获取方式	采集用途
物理环境	室内风速 / 风向	风速风向传感器	人体舒适性评估
物理环境	围护结构表面辐射温度	粘贴式铂电阻贴片传感器	人体舒适性评估
物理环境	室内光照度	照度计	人体舒适性评估
物理环境	噪声量	噪声传感器	人体舒适性评估
空气品质	空气污染物	$PM_{2.5}$ / TVOC 传感器	碳足迹评估
空气品质	二氧化碳含量	二氧化碳传感器	碳足迹评估
能耗量	能耗	能耗传感器	碳足迹评估
结构构件	房屋节点位移	位移 / 沉降 / 倾角传感器	安全韧性评估
结构构件	房屋墙体质量	裂缝传感器	安全韧性评估
结构构件	房屋结构强度	应变计 / 加速度传感器	安全韧性评估
空间定位	使用者时空定位	信标	人行为监测

从表 3-2 中不难发现，实采数据大概可以分成五类：① 位于室外的集成气象站数据，通过对温湿度、光照、风速风向、大气压力以及雨量等的监测实现对村镇的天气情况的把控，以弥补山林环抱下天气预报准确度不足、整体村镇缺少气象数据的问题。② 对示范民居室内及半开放空间的物理环境监测数据，包括温湿度、黑球温度、风速风向、建筑表面辐射温度等。对热环境、光环境、声环境以及辐射环境等进行动态监测，通过集成多种高敏传感器设备，让室内与室外物理环境数据对应，在对比的同时挖掘民居内部不同空间的环境差异，为村民热舒适性、光环境舒适性等评估及预测模型的搭建提供必要数据。③ 评估民居碳足迹的数据采集，为民居的低碳更新提供量化支撑，这类数据主要包括空间污染物、二氧化碳含量以及民居电量能耗的监测。④ 以安全韧性为导向的数据，主要以结构构件方面的房屋节点位移、墙体质量以及结构强度的信息采集为主，综合运用位移、沉降、倾角、裂缝、加速度传感器等。⑤ 对人在不同时间的空间活动的监测，这也是必不可少的。传统民居因为多由多户家庭共享，在室内活

动具有“部分时间，部分空间”[63]的特点，对于人员的定位监测可以帮助管理者对民居空间的利用率进行把控。这五类数据作为传统民居运维管理中不可或缺的重要指标，能够为后期民居更新与保护提出重要量化支撑。

（2）筛选感知仪器

对于监测传感仪器的筛选，国际上已经对采集数据的仪器精度、范围及响应时间制定了相关的标准[64]。在实际监测过程中，考虑到经费的预算以及有限的安装空间，感知仪器一般按照标准的 C 级要求配置。对于环境传感器的筛选，应考虑可集成度高、后台配置开源的传感器设备，以方便对多种小型设备进行集成，整合安装点位，从而减少对民居本体的干预。结构安全传感器的选择应根据目标传统民居的实际情况进行，对不同材质的民居选择精度合适的传感器设备。以人行为监测为导向的空间定位设备选择应综合考虑传统民居的基础设施环境，对于信号覆盖好且电路设施清晰的可以选择基于 Wi-Fi 传输的信标设备，而对于通电困难、缺乏网络覆盖的可以考虑蓝牙信标。为了准确控制测量精度与范围，在为传统民居进行设施选购前建议前往示范点，通过手持便携设备或多种设备对比的方式进行前期筛查。例如为了测量民居内部走廊的风量，较经济、笨重的三杯式风速传感器及风向变送器可能无法准确感知 1m/s 以下的风速变化，因而需要选择更精确敏感的工业级超声波一体式风速风向传感器（图 3-3）。

（3）布设安装点位

科学合理地确定传感器的数量与位置并高效准确地完成布设是运维决策能够被有效运用的基础保障。过多地布设传感器不仅会过度干扰民居的正常运行，造成资源的浪费，更会增加后台数据处理的压力。而缺少必要的监测点位数据资源则无法全面精

63 胡姗，燕达，江亿 . 建筑中人员在室时空特征的指标定义与调研分析 [J]. 建筑科学，2021，37(8): 160–169.

64 ISO. Ergonomics of the thermal environment — Instruments for measuring physical quantities：ISO 7726 [S]. Geneva: ISO, 2001.

图 3-3　风速风向传感器设备使用对比

确记录必要参数，从而导致评估结果的不准确，尤其是对于动态可变环境的评估，如风速场等。因此，室外气象站应布置于室外人员相对稀少的开阔点，应尽量避免周边树木、建筑以及人员对数据的干扰。而对于微环境监测设备的布设，运用计算流体力学（CFD）对模型进行模拟，运用聚类分析算法等分析民居的空间，可以有效帮助确定监测仪器的安装空间与位置。为了检测分析的准确性，可以在同一聚类的不同位置选择性搭建多个采集点来确认数据变化的趋同性，验证分析的准确性。

在布设高度方面，环境类传感器的高度应略高于使用者的常规身高，以 1.8 m 为宜。这样既不会给安装带来麻烦，又可以减少在数据采集过程中人行为对数据的干扰。对于评估测算时所需的人体高度物理环境数据，则可以通过现场实测以及软件模拟，将传感器数据按一定比例系数计算获得。此外，室外或半开放空间传感器出于防水及减少破坏的考虑应进行集成封箱（图 3-4），必要时应使用刚性材料以避免诸如火灾等潜在安全隐患。为了方便装卸，减少对传统民居的损伤，建议使用铁条进行抱箍固定。最后值得一提的是，在绿色低碳意识下，在条件许可下应优先使用通过太阳能、风能等清洁能源供电的采集设备（图 3-5）。

图 3-4 半开放空间微环境数据采集

图 3-5 室外气象数据采集

在结构数据采集方面，传感器因具有微小便捷、集成度高、数据实时高效的特点，同样也是结构安全监测的首选，主要监测指标包括结构强度、节点位移、构件压力、墙体质量等。将电阻应变片、位移传感器、加速度传感器等集成的小型传感器安置在结构的薄弱位置，可达到高效实时地分析民居结构安全隐患的目的，同时不会对传统民居的整体风貌和结构造成影响。为了捕捉传统民居的结构薄弱点，高效完成结构数据采集，基于 Revit 搭建的模型通过转译并通过常用结构有限元分析软件 ANSYS 进行模拟分析，进行有限元修正，找到民居结构构件中结构强度以及位移的关键点，高效布控。传统结构（穿斗式、抬梁式）的民居的薄弱处一般发生在屋顶与柱架的衔接处（椽条与柱子、椽条与梁的节点）以及墙体与柱架的衔接处（墙体与柱子、墙体与梁的节点）。

3.2.3 数据存储与清洗

对于前端数据的存储，随着建筑工业化的发展，为了打破 BIM 与其他数据之间的障碍，模型数据通常使用国际互操作性联盟组织（IAI，也称为协作联盟）在 1995 年提出的工业基础类（IFC）标准作为 BIM 数据集成的标准格式。运用 BIM 进行轻量级处理后，通过统一的数据组织、描述和建模方法，并基于 IFC 标准[65]以面向目标形式存储模型数据，为三维模型转译集成提供接口，帮助实现 BIM 静态数据与 IoT 数据的耦合。但是，IFC 并不是主要的数据存储格式，因为它不能实现并行操作，缺乏可靠性。而数据库可以克服这两个缺点，因其可以实现双模块数据和传感器数据的融合和并行操作。此外，数据库提高了数据的安全性，便于二次开发和可视化。在引入公共云、私有云和混合云等云计算技术进行传输后，基于大数据技术，对多源数据进行存储。数据库主要包含结构化查询语言数据库（SQL）、非关系型数据库（NoSQL）。在数据库的选择方面，由于 SQL 数据库在可用性、灵活性和可伸缩性方面存在缺陷，针对面向对象数据库（OODB）的 NoSQL 数据库作为 SQL 数据库的补充，可以更直接、更有效地处理分布式环境中的大量数据，更加适合时序数据的存储。而以 MySQL 为代表的 SQL 数据库研究则更为成熟，能够高效地存储诸如传感器 ID 以及预警阈值等静态数据。因此，运用非关系型数据库与关系型数据库相耦合的方法来实现对海量数据的存储，能够为大量动态数据的深度挖掘、匹配、分类和分析提供基础。与传统手工分类和复杂烦琐的枚举统计不同，该方法可以直观生成各种图表，帮助用户快速发现数据之间的相关性和潜在利用价值。

在数据挖掘与清洗方面，诸如 SPSS、MATLAB、Python 等统计类软件的开发，能够高效地对数据进行分析，对错误数据进行清洗降噪，并基于目标导向对数据进行整合。以 IBM SPSS V26.0 软件为例，运用 Compute Variable 功能中的“if include”“if case satisfies condition”算法可以对海量数据进行筛选。而为了获取因

65 BuildingSMART. Home — Welcome to buildingSMART-Tech.org [EB/OL]. [2023-04-23]. http: //www. buildingsmart-tech. org/.

变量与自变量之间的关系，相关系数与回归分析功能可以很好地实现线性回归等算法生成。面对来自两个总体的独立样本，运用 T 检验推断两个总体的均值是否存在显著差异也是常见的统计方法。

在实际操作中，对于时序数据的处理考虑以统计学中分组和加权的方法引入。采用温频法（Bin Method）模式对温度进行划分，将数据从最小值到最大值按照 0.5 ℃的步距分组。实际计算表明，相比未处理的数据，温频法处理后数据一致性更好，能够在很大程度上提高统计效率，帮助管理者分析出共性规律[66]。

3.3 智慧运维平台应用

传统民居的运维管理目标导向一般包括三个方面：一是以低碳舒适为导向的人居环境管理；二是以安全为导向的结构稳定性评估；三是遗产保护方面的传统民居价值评估。本节基于该智慧运维体系，分别对三个维度的管理评估方法进行介绍。

3.3.1 环境评估

对于诸如温湿度、污染物等动态非均匀分布的物理环境，有限的监测点位数据显然无法代表传统民居各空间的环境状态。而将其与计算流体力学（CFD）模拟软件进行融合，即可实现对民居环境的整体动态评估。目前，诸如 OpenFOAM 等环境数值模拟开源软件已经得到广泛应用与认可。通过对多种环境叠加 CFD 模拟，构建民居环境数据库，并运用机器学习方法对数据库进行函数关系训练，然后以监测数据作为快速预测模型的输入端，根据 CFD 模拟训练的结果，可以实现室内多种动态物理环境的预测。传统的 CFD 软件计算速度慢，数据存储容量不足。对于多参数、

66 QIAN Y, LENG J, CHUN Q, et al. A year-long field investigation on the spatio-temporal variations of occupant's thermal comfort in Chinese traditional courtyard dwellings.[J]. Building and environment,2023, 228: 109836.

长时间的运维模拟来说，为了提高模拟效率，减少海量时序数据的运算量，需要通过降维离散化的方法对数据进行处理，获得低维线性数据库，并以此数据库作为训练对象实现机器学习[67]。环境模拟技术路线如图 3-6 所示。

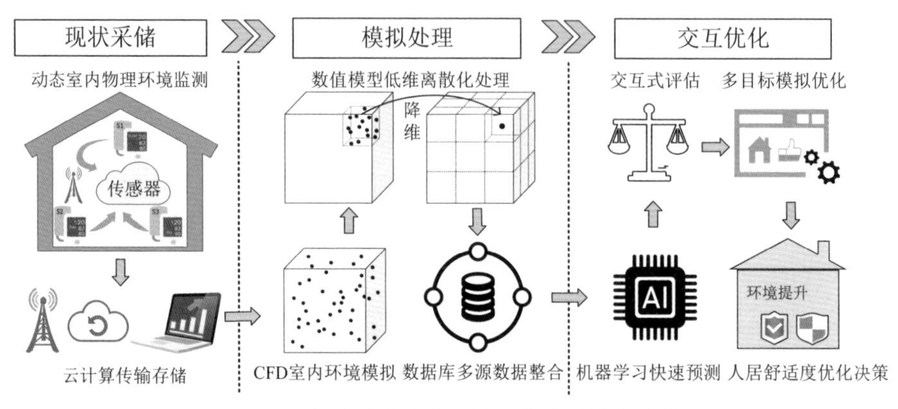

图 3-6　传统民居室内环境运维管理技术路线

通过对多种环境分布场的综合分析，可以实现多目标传统民居环境评估（图 3-7）。目前对于室内人体热舒适性的评估，广受认可的理论标准包括 PMV（预测平均热感觉）模型、热感觉投票（TSV）、热适应模型[68]等，此类标准均需要基于温湿度、风速等微环境数据，计算平均辐射温度、中性温度等关键指标，并结合实地走访调研，计算传统民居的 80 % 或 90 % 可接受标准有效温度（SET）[69]，实现对民居热舒适性的评估。此外，对二氧化碳浓度场及能耗进行评估，有助于对民居碳足迹分布进行模拟评估，以实现中国“双碳”政策的发展目标。最重要的是，对数字孪生民居环境各参数的模拟可以为探究传统民居的更新方案提供量化支撑，满足民居低干预运维更新的优化需求。

67　REN C, CAO S. Implementation and visualization of artificial intelligent ventilation control system using fast prediction models and limited monitoring data[J]. Sustainable cities and society, 2020,52: 101860.

68　郑武幸 . 气候的地域和季节变化对人体热适应的影响与应用研究 [D]. 西安：西安建筑科技大学 , 2017.

69　ASHRAE. Thermal environmental conditions for human occupancy: ANSI/ASHRAE Standard 55—2017[S], 2017: 49 - 55.

通过多参数的交叉分析，多目标环境评估成为可能，能够根据管理者需求确定不同的目标导向进行针对性的分析，为综合治理以及评估评分提供数据支撑。

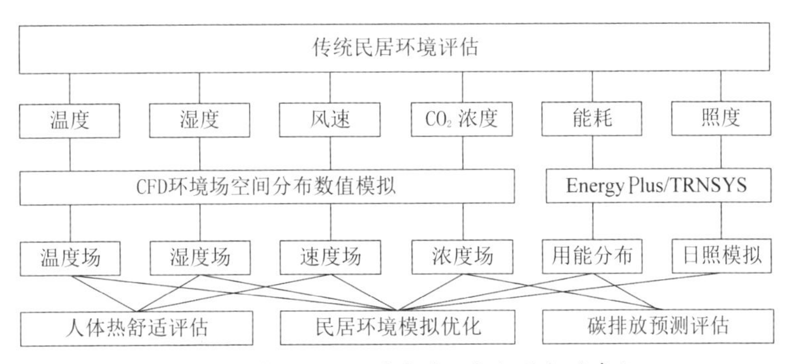

图 3-7 传统民居环境类多目标评估相关参数

3.3.2 安全评估

传统民居室内结构安全性的分析主要可以通过挖掘民居结构中残损点以及运用有限元模型模拟传统民居结构应变能云图进行评估。专业的结构分析软件（如 ANSYS）已经能够实现对民居结构性能的初步模拟。而传统民居因为年代久远，需要结合应变计、位移计、倾角计等传感器的实际监测数据进行有限元模型 (FEM) 修正。对各结构参数的灵敏度进行分析，构造优化算法，完善有限元模型环境后，基于应变能的分布可以对各单元构件进行加权，从而生成整个民居模型结构安全的评估云图（图 3-8）。

除此之外，残损点的挖掘也是确定民居结构安全性的有效方法之一[70]。国家标准已经详细明确了民居各类结构参数的阈值[71]，结合实测数据即可明确民居内结构残损点的分布情况。

70 淳庆，潘建伍，董运宏 . 南方地区古建筑木结构的整体性残损点指标研究 [J]. 文物保护与考古科学 , 2017, 29(6): 76–83.

71 国家住房和城乡建设部，国家市场监督管理总局 . 古建筑木结构维护与加固技术规范 : GB 50165—2020[S]. 北京 : 中国建筑工业出版社，2020.

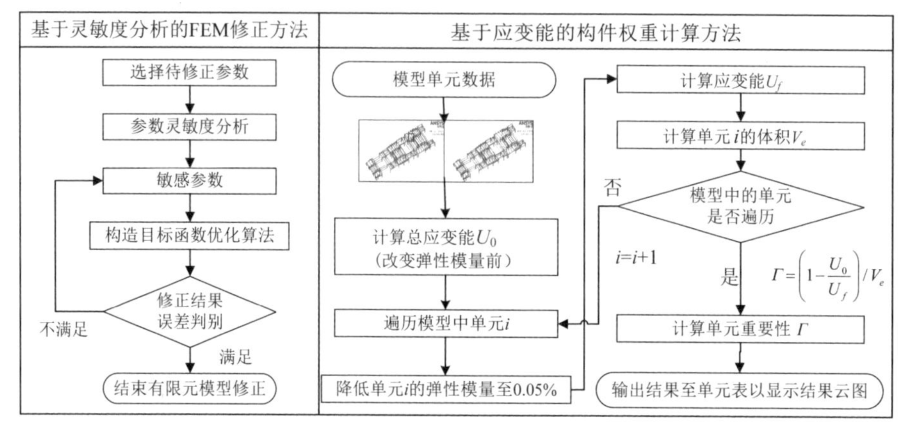

图 3-8　传统民居结构安全管理评估技术路线

3.3.3 价值评估

传统民居空间结构以及细部构件作为中国古代劳动人民智慧和工艺的结晶，蕴含着丰富的历史文化价值，也是民居运维管理中不可忽视的特色环节。对民居内部各构件价值进行评估并且直观地呈现重要元素的空间分布，能够有效提高民居更新与维护的效率。然而，传统民居普遍缺乏科学的管理维护标准，并且大部分民居为多户人家合住，部分居民因为多种需求对结构进行了加固改造或拆解更替，自组织的改造导致民居不同空间构件状态各异，给整体价值评估造成困难。智慧运维平台在模型端以 BIM 模型为基础，在结合实地调研以及三维点云扫描的基础上，能够对各构件信息及价值进行存储并加以区分，通过构件信息的独立注释与分类，实现细部价值分布的可视化呈现。

第四章
数据融合与三维轻量化技术

4.1 以 WebGL 为基础的软件平台技术特征

我国市场上的 BIM 三维轻量化显示方法绝大多数为使用商业插件将 BIM 模型转化为中间格式，然后在服务器端通过相关程序转译成符合三维显示工具需要的数据类型。然而该方式往往执行企业自己的数据交换标准，彻底扼杀了 BIM 模型所具有的能够在建筑全生命周期中进行数据传递的潜力和优势。同时，相对封闭的数据传递方式带来了较为严重的数据丢失问题，使得进行模型查看工作的意义锐减。

建筑行业发展至今已有不少 BIM 应用软件，软件之间的数据共通问题一直困扰着技术人员。在这一背景下，建筑领域出现了以通用性为目标的行业性标准，主要代表为 IFC 标准、IDM 标准、IFD 标准三种。其中 IFC 标准是一个公开的、基于对象信息交互标准的格式，也是目前欧洲和北美地区普遍使用的 BIM 软件交互格式。

目前绝大多数的 BIM 软件具有较为一致的通性。首先，它们大多数是基于 PC 端的三维信息化建模软件，因此非设计人员和现场的施工人员无法通过手持设备直接查看模型，唯一的解决方法是随身携带较高配置的笔记本电脑。如果是在复杂的作业条件下，该种方式是不切实际的，也与 CIM 的应用需求相违背。其次，即使是非专业的人员仅需要查看 BIM 模型时，也必须要在 PC 端 BIM 软件中进行查看，而且很容易会不经意地对模型做出修改，而一般的 BIM 建模软件本身强大的逻辑性将导致模型多个位置、多个信息同时被修改，这种不经意间造成的微小的错误将会造成巨大的经济损失。

通过建筑模型轻量化的技术手段能够很好地解决上述问题。这样用户就能够随时随地通过浏览器进行查看，彻底摆脱了只能在 PC 端进行查看的限制。除此之外，基于 WebGL 的建筑模型轻量化还能够兼顾监测预警、在线监测等其他业务系统的开发，相关功能的开发和进一步完善更能够把 CIM 技术在传统村落保护工作中的优势体现出来。

4.2 基于 IFC 的数据融合技术

建筑信息模型技术是通过计算机技术对建筑行业中的产品信息进行建模。工业基础类（Industry Foundation Class，IFC）标准是一个与建筑产品的数据描述有关的标准，在 1997 年第一次由国际协作联盟（International Alliance for Interoperability，IAI）发布。从第一个版本到现在最新的版本，IFC 标准历经多个版本的更替，每一次的更替都会加入新的产品数据。随着对 IFC 标准的深入研究，研究者们发现 IFC 标准中的信息数据并不能包含现实世界中的所有建筑产品信息。也就是说，根据建筑施工条件、施工特征、管理模式和参与方的不同，在将 IFC 中所包含的数据应用到某个建筑工程项目的建模过程中时，可能存在着信息不全面的问题。随着社会的进步和发展，建筑产业会出现很多新的工艺、新的施工机器、新的建筑模型等，这些新出现的事物是建筑产品的新数据信息。为了更好地借鉴 IFC 标准对建筑信息的描述模式，需要通过一定的扩展机制对当前 IFC 标准进行扩展，才能不断地对 IFC 标准中现有的模型进行完善。

此外，可扩展标记语言（the eXtensible Markup Language，XML）是用来对 IFC 标准进行存储和交换的一种结构性数据，也是大多数网络服务和系统所使用的数据格式。但是随着轻量级的数据交换格式 JSON（JavaScript Object Notation）的出现与发展，业界越来越倾向于使用 JSON 作为数据储存和交换的格式，用来替换 XML。与 XML 相比，JSON 语言具有低存储、易阅读、快解析和更快传输的特点。而 XML 则由于冗余标签比较多、传输速度比较慢，无法应用于算力和通信速度有限的移动端。

虽然 JSON 越来越受欢迎，但是应用依然没有 XML 普遍，这是因为 XML 比 JSON 出现得更早，前期的互联网服务和系统采用的多为 XML。如果将 XML 直接转换成 JSON，不能保证转换后的数据格式的正确性。XSD（XML Schema Definition）是 XML 文档的格式验证模式，JSON Schema 是 JSON 的数据格式验证模式。为了适应移动数据的特征，保证 XML 到 JSON 数据转换的准确性，可以采用将 XSD 直接转换成相应的 JSON Schema 格式的方式，来对转换后的数据格式进行验证。此种方式能够实现 IFC 标准中的数据在移动端的信息共享。

4.2.1 IFC 标准解析

1.IFC 的整体结构

作为建筑信息模型的数据交换及共享标准，IFC 是一种建筑数据模型，其数据信息面向建筑行业的所有实体对象和建筑过程中的所有信息，如建筑信息管理、建筑产品、建筑进度管理等。

IFC 模型主要包含四个部分：建筑实体、类型、规则和函数。其中，建筑实体作为 IFC 标准中最重要的概念，对拥有同样性质的一类对象进行定义，用面向对象的形式进行构建，类似于面向对象中的类。IFC 模型的类型主要有四种：Entity Type、Enumeration、Select Type 和 Defined Type。它们分别表示的是实体类型、枚举类型、选择类型和定义类型。实体主要是通过设置各种类型及其实体属性来进行定义。IFC 中的函数主要是指实体定义过程中制定的一些约束条件。

按照功能来划分，IFC 有四个层次，即资源层、核心层、交互层、领域层，如图 4–1 所示。资源层是建筑信息模型中的最底层，描述的是最基本的元素；核心层是最重要的层次，包含核心模块和扩展模块，形成了 IFC 模型的整体框架；交互层是一个共享平台，促进建筑过程中各个参与方之间的资源信息共享；领域层是对建筑行业各个领域的细化，形成各个领域的独特领域信息。四个层次之间在进行数据交换和分享时必须遵循一个规则，即每个层次在对信息资源进行引用时只能平向或向下引用，也就是同层次和下层次，而不能向上引用上面层次的信息资源。其目的是在上层次的资源出现变动时，保证下层次的信息资源不会受到影响，确保下层次信息描述的稳定性。

IFC 标准中每个层次又可以被分为很多个子模块，每个层次模块内容的简要介绍如下：

（1）资源层

资源层位于 IFC 框架模型层次的最底层，主要描述的是模型

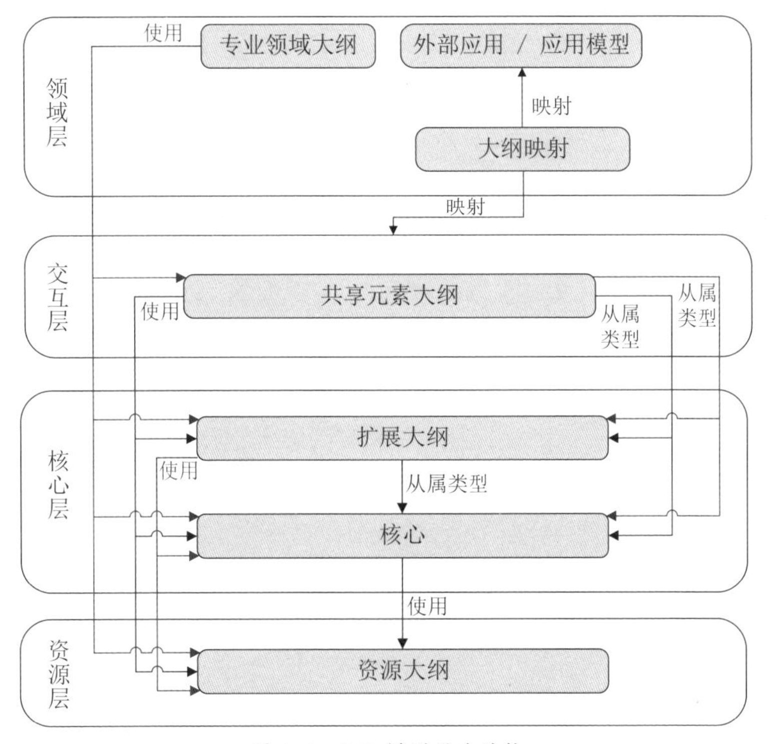

图 4-1 IFC 模型层次结构

中所需要的基本信息。这些信息都具有一般性，如建筑产品的成本、几何约束、材料、度量、轮廓和属性等资源类。位于资源层上面的三个层次都可以使用这些资源信息，换句话说，资源层的所有资源信息是整个模型的数据描述基础。

（2）核心层

核心层位于 IFC 框架的第二层，在资源层之上，该层次为基本框架，对整个 IFC 数据模型进行描述，其内包含的是建筑行业中最抽象的概念。通过这个基本框架，核心层可以将资源层的资源信息组织在一起，使这些资源之间创建联系并进行连接，从而组成一个整体并将现实中的结构进行映射反映。

核心层由核心模块和扩展模块两部分组成。

核心模块是将资源层的元数据转换为对象格式，通过提取不同的语义结构，如对象、对象的属性及其之间的关系，将其转化为非工程建筑和资产管理领域的精准结构，如产品、控制、过程等，成为扩展模块的主要切入口。核心模块处理的是建筑模型中最基本的信息，如控制过程中的时间序列、建筑产品的形状和外观等。

扩展模块包含三个子模块：产品扩展模块、控制扩展模块和过程扩展模块。核心模块定义的抽象类可以被核心层的扩展模块和上层模块所引用，但是扩展模块中定义的抽象类只能被上层模块所引用。

（3）交互层

交互层位于 IFC 框架的第三层，定义了多个领域之间共用的概念和建筑对象，通过共享所有领域之间的建筑信息（包含建筑元件和服务元件之间的信息，如设计、结构和设备管理、施工管理等），解决不同领域之间的建筑信息共享和交互的问题。如 IfcSharedBldgElements 模块中包含门、墙、柱、梁等实体定义，IfcSharedFacilitiesElements 模块中有家用设备类的实体信息，IfcSharedMgmtElements 模块中包含成本管理和工程进度等实体信息。交互层对建筑方面的大多数实体进行了定义，可以被上层的领域层引用。

（4）领域层

领域层是 IFC 架构的最上层。针对建筑行业中各个部门领域的特点，对各个领域的基本信息进行定义，包括建筑和设施设备领域的所有元件；定义建筑结构方面的结构构件和结构分析，如空间几何、桩、板实体等，暖通空调的采暖、通风等，消防管道的消防设施，管理方面的施工领域和物业领域。领域层、交互层和核心层三个层次的资源信息一起为建筑行业的应用软件提供数据交换的主要数据模型。

2.IFC 根类实体

在 IFC 标准中，IfcRoot 是最重要的一个实体，它是实现核心层、交互层和领域层三个层次中的其他实体的根类实体，即除了资源层里的类不能继承根类外，其他层次的所有实体都能够继承IfcRoot。图 4-2 展示的是 IfcRoot 的派生关系。

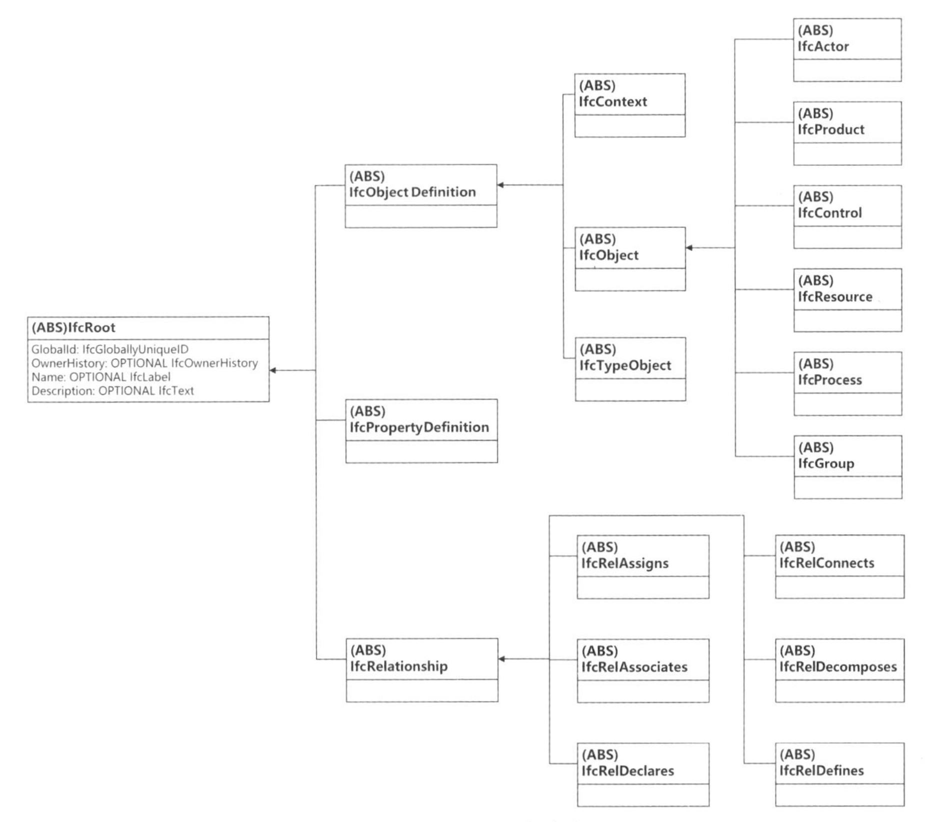

图 4-2 IfcRoot 派生关系图

IfcObjectDefinition 是对 IFC 对象的一种定义形式，包含 IFC 上下文信息（IfcContext）、IFC 对象实体（IfcObject）和 IFC 对象类型（IfcTypeObject）三个子类。其中 IfcObject 定义的是 IFC 标准中的对象实体，它描述的是建筑信息中所有的有形实体（如墙壁、柱子等）、客观存在的东西（如建筑空间、形状等）和一些概念上的实体（如高度、网格等）。IfcObject 同时也是一个抽象的父类型，即 ABS 类型，包含六个子类：IfcActors 表示建筑项目各个生命周期中所涉及的工程角色（如施工人员、测量人员等）；IfcProduct 表示建筑过程中所涉及的所有有形的或客观存在的建筑实体，如（石灰、沙、空间等）；IfcControl 表示的是在建筑过程中对其他对象进行控制或约束；IfcResource 指建筑流程中所涉及的资源；IfcProcess 指不同建筑目标拥有一定建筑流程的建筑过程，如维护、建造等；IfcGroup 指建筑中各个种类对象的集合。

IfcRelationship 描述的是对象间的关系，即关系实体，它包含六个子类：IfcRelAssigns 对对象之间的关系进行描述，它允许关系对象中含有与关系相关的属性，分别定义关系语句和对象特性；IfcRelAssociates 对对象与外部资源之间的联系进行描述，并将这种联系与对象或定义的属性进行联系；IfcRelConnects 对两个及以上对象之间的某种连接方式关系进行定义，这种连接关系包括物理上的和逻辑上的；IfcRelDeclares 描述的是建筑项目中对象及属性的清单；IfcRelDecomposes 对元素的组成或分解关系进行定义；IfcRelDefines 运用类型或属性定义的方式来对对象的实例进行描述。

IfcPropertyDefinition 是对特定对象的通用信息进行描述，即属性和属性集信息描述。

IfcObjectDefinition、IfcRelationship 和 IfcPropertyDefinition 是 IfcRoot 的三个重要派生子类。

4.2.2 XSD 数据格式分析

IFC XML 文件是用 XML 语言进行编码的与 IFC 标准数据有关的文件。与 EXPRESS 的功能类似，XSD 是 XML 文件的模式描述语言。但是 JSON 作为一种轻量级的数据交换格式，由于其语言的简便性和快速传输性，正被越来越多的新搭建信息化系统所采用。现如今有很多软件可以将 XML 格式编写的代码直接转换成 JSON 格式，但是却没有多少研究聚焦在将 XML 的验证格式语言 XSD 转换成相应的 JSON Schema，这也是 JSON 在应用中越来越受欢迎但是却没有 XML 普遍的原因。本节主要是通过对 IFC XML 模式描述语言和 JSON Schema 语言进行分析，对 XSD 文档进行遍历，自底向上进行转换，通过创建两者之间的数据格式转换词典来将 XSD 转换成 JSON Schema。

1.IFC XML 数据类型

在 IFC 模型文件中，与工程有关的实体 IfcProject 只能有一个。而对工程项目的信息进行描述的属性 RePresentationContexts 和 UnitsInContext，则为可选属性。在 IFCXML 文档中还有一个必须存在的实体 OwnerHistory，该实体能够对模板版本信息进行记录，包括版本的使用者、应用平台、创建时间、修改信息、修改时间、最后一次修改时间等信息。其他的则是对建筑信息的实体、属性、规则及约束的描述。

一个完整的 IFC XML 文档需要满足以下三个方面：

（1）有且只有一个根节点。每一个 IFC XML 文档必须包含一个根节点，根节点之间可包含元素、文本（一般的 XML 文档中根节点之间可能为空，因为注释标签 <!– ... –> 和过程指导标签 <? ... ?> 之间没有 XML 元素，XML 文档中的首部可以添加这些标签）。根节点没有父节点和兄弟节点。

（2）每一个开始标签都有与其配对的结束标签。开始标签和结束标签单独存在的情况是不存在的。

（3）不存在重复元素。每一个元素有且只有一个父节点，且包含在父元素里。IFC XML 文档中的属性主要分为头文件和主体两大部分。

① 头文件部分：命名空间和与 XML 相关的配置信息，如“xmlns: ifc”“xmlns”“xmlns: xsi”等。

② 主体部分：数据类型配置，主要包括整型类型（Integer Type）、实数类型（Real Type）、数字类型（Number Type）、二进制类型（Binary Type）、引用类型（Containment Type）、时间类型（Time Declarations）等配置信息。有的数据类型的属性值是枚举类型，通常第一个可选属性被设定为默认属性值，在没有对属性进行明确指定的情况下，数据类型的属性值为默认值。

IFC XML 的数据类型主要包括六种：简单数据类型（Simple Type）、复杂类型（Complex Type）、日期 / 时间类型（Date Time Type）、枚举类型（Enumeration Type）、选择类型（Optional

Type）和引用类型（Containment Type）。其中，Simple Type 主要是对 IFC 中存在的七种简单数据类型的文本元素进行描述，Complex Type 描述的元素下可以存在多个子元素，Date Time Type 主要是对时间点的具体信息进行描述，Enumeration Type 描述的元素具有多个属性值，Optional Type 指的是元素的属性值是可选的，Complex Type 主要是通过子元素的形式来进行数据交换。

2.IFC XML 的验证模式 XSD

IFC XML 模式描述语言 XSD 主要对文件中出现的类、类之间的关系、属性及其约束条件等进行规范和验证，从而保证数据在传输过程中的准确性。一个 XML Schema 文档定义的内容包括文档中出现的元素、元素的属性、子元素、子元素的数量、子元素的顺序、元素是否为空、元素是否包含文本、元素和属性的数据类型、元素或属性的默认和固定值等信息。

一个 XML Schema 由四部分组成：

（1）元素（Element）

在 XML 文档中，一个元素声明由元素名称、命名空间和元素类型组成。其中命名空间不需要明确指出来，因为可以从父元素那里继承。

（2）简单类型（Simple Type）

在 XML 模式中有两种基本类型：简单类型和复杂类型。简单类型实例只有单个值，例如字符串或数值。使用限制可以指定它们的格式和可能值。

（3）复杂类型（Complex Type）

复杂元素是用来描述元素的内容的，即包含哪些子元素、子元素的顺序和数量、元素的属性。复杂类型可以被限制，也可以扩展。

（4）属性（Attribute）

在 XML 元素中，每一个属性都是一个属性声明。属性包含一个目标命名空间，是简单类型的一种。此外，可以直接将固定值或默认值标记出来。

在 XSD 文档中还存在着一些对子元素的数量和内容进行不

确定性约束的标签元素和属性元素，如 "xs:choice" "xs:sequence" 和 "maxOccurs="unbounded"""minOccurs="0"" 等。XSD 的文件模型是树形结构，只存在一个根节点，因此不存在循环结构。

4.2.3 JSON Schema 数据格式分析

1.JSON 数据类型

从结构形式上看，JSON 是由一组“名称 / 值”对的有序列表组成。在不同的计算机语言中，“名称 / 值”对可以被理解为对象、结构等。而对于有序列表，JSON 则主要是以数组的形式来进行表述。其主要的文法规则见表 4-1。

表 4-1 JSON 的文法规则

类型	语法	描述
object	{}	对象均被放在一组“{”和“}”中
	{members}	对象中能够存在成员
members	pair	“名称 / 值”对
	pair, members	成员中可以有“名称 / 值”对或其他成员
array	[]	数组中“[”表示开始，以“]”表示结束
	[elements]	数组中能够包含元素
pair	string: value	“名称 / 值”对的表现形式
elements	value	值类型
	value, members	元素可以是值类型，或者其他元素
value	string	字符串
	number	数据（包含任何一种数字类型）
	object	对象
	array	数组
	true, false, null	“真”“假”和“空”值

在 Java Script 中，JSON 除了上述类型之外，还有日期（Date）、时间（Time）、函数（Function）和正则表达式（Regular

Expression）等类型，但在 JSON 文法中，这些类型以字符串（String）或数据（Number）的形式存在。与 XML 的元素类似，JSON 中的对象都必须唯一存在，也就是不能重复。

2.JSON 的验证模式 JSON Schema

XML 中有 XML Schema 对 XML 数据进行定义和校验，相应的，JSON 中也有 JSON Schema 对 JSON 数据进行定义和校验。JSON Schema 描述 JSON 的数据格式，其作用主要是实例验证，如对用户界面互动的内容，通过设置 JSON 模式，规定用户输入的数据是否符合限制条件。表 4–2 展示了 JSON Schema 中的重要关键字。

表 4–2　JSON Schema 中的重要关键字

关键词	描述
$schema	模式，该符号表明文档的模式与草案 v4 中书写的格式一致
title	对模式进行标题命名
description	对模式进行描述
type	类型，可以对 JSON 对象进行类型定义
properties	当文件中的键值对或值类型超过一个时，用此关键字，还能够用于约束最小值和最大值
required	描述列表中必须存在的属性
minimum	给值设定约束条件，表示允许出现的最小值
exclusiveMinimum	当“exclusiveMinimum”的值为 true 时，对象的值必须大于等于“minimum”，实例才是有效的
maximum	给值设定约束条件，表示允许出现的最大值
exclusiveMaximum	当“exclusiveMaximum”的值为 true 时，对象的值必须小于等于“maximum”，实例才是有效的
multipleOf	对实例的结果进行分割，其结果能够被“multipleOf”的值整除才具备有效性
maxLength	字符串实例字符长度的最大值
minLength	字符串实例字符长度的最小值
pattern	对正则表达式匹配实例进行验证，成功则实例有效

4.2.4 XSD 到 JSON Schema 的转换

鉴于需要将 IFC XML 的文档验证格式 XSD 转换成与其相应的 JSON Schema 格式，而 IFC 标准中的 XSD 文档与一般的 XSD 没有什么区别，所以可以通过研究一般性的 XSD 与 JSON Schema 格式特征，设计相应的结构词典来完成这个转换过程。

1. 数据格式转换词典设计

XSD 是可以分为节点和属性的树形结构，只有一个根节点，属性在节点内部，以文本的形式存在，在一个等号“=”的左边是属性，右边是属性值。根据节点类型可以将其划分为复杂类型、简单类型、元素等。属性组（attribute groups）和样式组（model groups）只是复杂类型定义中的占位符。每个节点均为一个标签，成对存在，而 JSON 则是以键值对的形式存在。在设计从 XSD 到 JSON Schema 之间的转换词典时，需要考虑的主要是数据类型之间的转换，这是因为 XSD 提供了很多的数据类型，而 JSON 只有七种最基本的原始数据类型，即数组（Array）、布尔值（Boolean）、整型（Integer）、数据（Number）、空值（Null）、对象（Object）和字符串（String）。

此外，JSON 模式还可以通过 format 关键字来对这些原始类型进行语义验证，如将一个值的 type 设置为 string 类型，再将其格式限制为电子邮件（email），但是这些格式不是验证过程中必须出现的，而是尽可能地使用能够起到较为有益的作用。XSD 中除了原始数据类型外，还有很多其他的类型，如 "xs:nonNegativeInteger"，但是由于该数据类型只是带有一些限制的 xs:integer 类型，所以也能够被转换为相应的 JSON Schema 格式。表 4–3 展示的是将 XSD 数据类型转换成相应的 JSON Schema 数据类型定义。

在进行转化的过程中，虽然类型词典可以将一部分 XSD 中的数据类型转换成 JSON Schema 中的七种原始类型，但是 XSD 中还提供了一些自定义的限制条件，如 "xs:maximum" 等，可以通过 "xs:restriction" 节点来指定基础类型的限制。如下面这些代码展示的是一个定义的 XSD 类型用 "xs:restriction" 进行限制或约束后，相当于一个预定义的 xs:positiveInteger 类型：

```
<xs:simpleTypename="myPositiveInteger">
<xs:restrictionbase="xs:integer">
<xs:minExclusivevalue="0"/>
</xs:restriction>
</xs:simpleType>
```

在 xs:simpleType 中通过使用 xs:restriction，新的派生数据类型由限制来进行定义。这种派生不仅可以从原始数据类型中派生，也可以从派生数据类型中派生。这样，可以通过增加上界约束条件来创建出一个新的 myPositiveInteger 派生数据类型，此数据类型只是在原有的类型基础上增加了一个上界限约束值。

在对含有子节点的 xs:restriction 的 XSD 片段进行转换的过程中，不管它是基本类型还是派生数据类型，这些约束条件都要添加上去。因此，可以建立一组与含有约束条件有关的转换规则，如表 4–3 所示，是包含 *X* 值的 xs:pattern 约束条件。

表 4–3　XSD 与 JSON Schema 数据类型

XSD 类型	JSON Schema 类型定义

xs:string
xs:token
xs:normalizedString
xs:language
xs:base64Binary
	{
	"type": "string"
	}

xs:boolean	{
	"type": "boolean"
	}

xs:float
xs:double
xs:decimal
	{
	"type": "number"
	}

xs:integer
xs:int
xs:long
xs:short
	{
	"type": "integer"
	}

xs:positive Integer	{
	"type": "integer",
	"minimum": 0,
	"exclusiveMinimum": true
	}

续表

XSD 类型	JSON Schema 类型定义

xs:negativeInteger	{
	"type": "integer",
	"maximum": 0,
	"exclusiveMaximum": true
	}

xs:nonPositiveInteger	{
	"type": "integer",
	"maximum": 0,
	"exclusiveMaximum": false
	}

xs:nonNegativeInteger	{
	"type": "integer",
	"minimum": 0,
	"exclusiveMinimum": false
	}

xs:anyURI	{
	"type": "string",
	format: uri
	}

xs:date
xs:dateTime
xs:time
	{
	"type": "string",
	format: 'date-time'
	}

<xs:minExclusive value="X" />	{
	"minimum": X,
	"exclusiveMinimum": true
	}

<xs:maxExclusive value="X" />	{
	"maximum": X,
	"exclusiveMaxmimum": true
	}

<xs:minInclusive value="X" />	{
	"minimum": X,
	"exclusiveMinimum": false
	}

<xs:maxInclusive value="X" />	{
	"maximum": X,
	"exclusiveMaximum": false
	}

<xs:minLength value="X" />	{
	"minLength": X
	}

<xs:maxLength value="X" />	{
	"maxLength": X
	}

续表

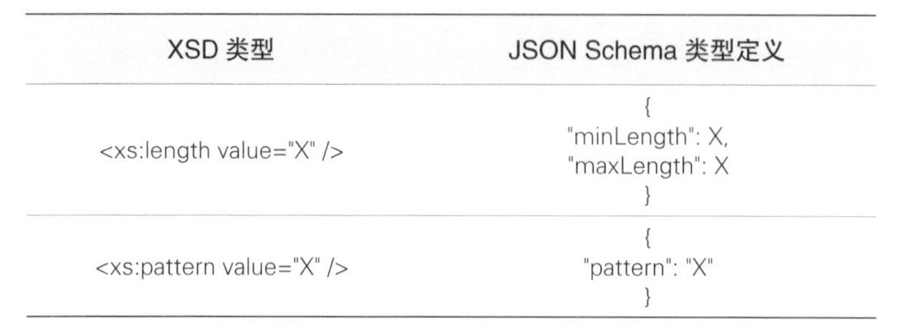

XSD 类型	JSON Schema 类型定义
<xs:length value="X" />	{ "minLength": X, "maxLength": X }
<xs:pattern value="X" />	{ "pattern": "X" }

2. 转换过程

XSD 的结构主要是树形，通过对其进行遍历，根据设置的每个 XSD 节点到 JSON Schema 之间的转换词典，可以将遍历到的数据元素转换成相应的 JSON Schema 格式，解析转换过程见图 4–3。

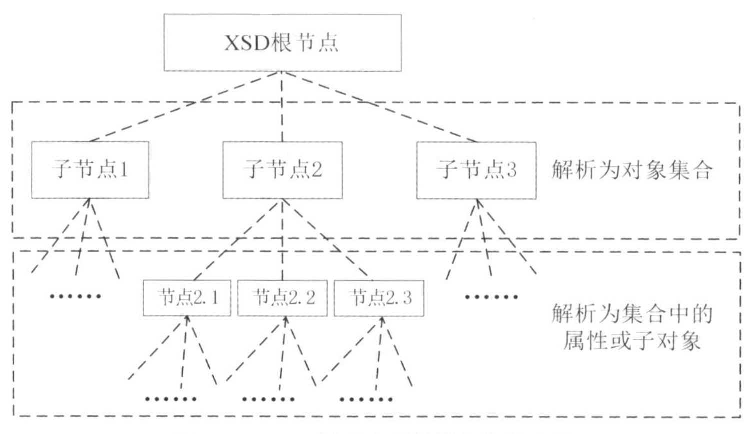

图 4–3　XSD 树形遍历解析与转换过程

对于有子节点的 XSD 项，可以通过递归来进行遍历，在遍历的过程中需要注意三点：

（1）为每个节点增加一个独特的标识（ID），保存其命名空间和标签名称。

（2）对每个 XSD 属性的关键字名称、值、与其相关的集合和默认的继承属性进行标识。

（3）如果某元素的子元素是一个简单的文本，没有嵌套的

XML 节点，对其进行标识，保存其父节点元素，标识文本信息。

如果 xs:element 节点有一个 XSD 命名空间，并且是一种原始的 XSD 数据类型，则可以直接将其转换成相对应的 JSON 数据类型。XML Schema 中有很多预定义的数据类型。尽管 JSON 中定义的数据类型数量有限，然而同样可以将这些数据类型限制在 XSD 的这些约束条件里。通过给所有预定义的 XML 数据类型提供一个等价的 JSON Schema 来制定 XSD 到 JSON Schema 之间的类型转换数据词典，来完成数据类型之间的转换。

只有 xs:attribute 和特定的 xs:element 节点能够应用这些原始的数据类型和约束条件。但是，一个 XSD 不仅仅包含这些简单的类型定义，还有 xs:complexType 类型。xs:complexType 节点的元素属性可以参考其子节点来对其进行指定。如果 XSD 文档结构中 xs:sequence 中有 xs:element，可以将内嵌的 XSD 节点作为这一步的最后一部分来进行翻译。

整个翻译过程是从 XSD 节点的根节点开始进行遍历，直到遍历到最小的片段（子节点），然后开始对子节点进行翻译，由此对其父节点进行翻译，最终将整个 XSD 文档翻译成 JSON Schema 形式。

4.3 通用三维转换与可视化设计实现

4.3.1 数据存储优化

glTF 全称为 Graphics Language Transmission Format，是一种用于网络传输、显示的三维模型格式，其核心是描述三维场景整体内容的 JSON 文件。目前主流的三维建模软件并不支持直接导出 glTF 格式文件，为了获得 glTF 格式文件，必须从其他格式转换过来。由于 glTF 文件与 Collada 文件都是由 Khronos 组织设计的，因此两者文件格式之间存在一定的相似性，而大多数三维建模软件可以支持 Collada 文件的导出。本课题研究团队设计了实现从 Collada 格式文件转换得到 glTF 格式文件的转换工具。

1. 顶点数据存储优化

在计算机图形学中，对模型中的顶点数据进行压缩、编码、打包是一种很常见的优化手段，由此可以减少模型的内存占用，节省计算机总线将数据从 CPU 传送到 GPU 的时间及 GPU 带宽。实现顶点数据压缩的代价是在着色器代码中添加额外的指令。额外的着色器指令虽然会增加 GPU 指令来解析数据，但是它却带来了另一个好处，就是突破了对顶点属性数量的限制。

本课题研究团队通过降低顶点属性数量来降低文件存储空间，将所有的属性值都存储在四分量矢量中并确保每个分量都能够被用到。例如在着色器中通常会使用下面的定义方法来定义两个属性：

```
attribute vec3 axis;
attribute float rotation;
```

在顶点属性中定义一个 vec3 类型的属性值与 float 类型的属性值，可以将这两个属性值合并到一个四分量矢量中，即用一个 vec4 类型变量表示。这样，本来在着色器代码中需要两个变量存储的属性值，经过压缩优化，只需一个变量就行。将这两个属性合并之后，可以得到下面的定义形式，在需要获取具体的属性定义时，通过在着色器中的定义额外指令来读取：

```
attribute vec4 axisAndRotation;
//...
vec3 axis = axisAndRotation.xyz;
float rotation = axisAndRotation.w;
```

2. 法向量数据存储优化

法向量数据在三维坐标系中是使用三分量矢量表示的，可以通过降低法向量的矢量分量实现对法向量数据的优化存储。本课题研究团队采用八分表示法实现其优化策略，这种表示方法将三分量单位长度向量压缩为两分量向量。八分编码向量是先将球体映射到八面体，然后将八面体投影在 $z=0$ 的平面中，然后在合适的对角线上反射 $-z$ 半球，如图 4–4 所示。所有最终结果会填充为一个 [-1,+1] 的正方形，然后存储正方形中的坐标。球体坐标中

ABC 区域的点会映射到八面体 $A'B'C'$ 区域；然后将八面体投影到 $z=0$ 的平面中，在八面体 $A'B'C'$ 区域的点会落在正方形 $A''B''C''$ 区域；而在球体 BCD 区域的点经过八面体中的 $B'C'D'$ 区域，最终会映射到正方形中的 $B''C''D''$ 区域中。在球体坐标中，以球心为坐标原点，在 ABC 区域中的每个点的坐标就表示一个法向量。

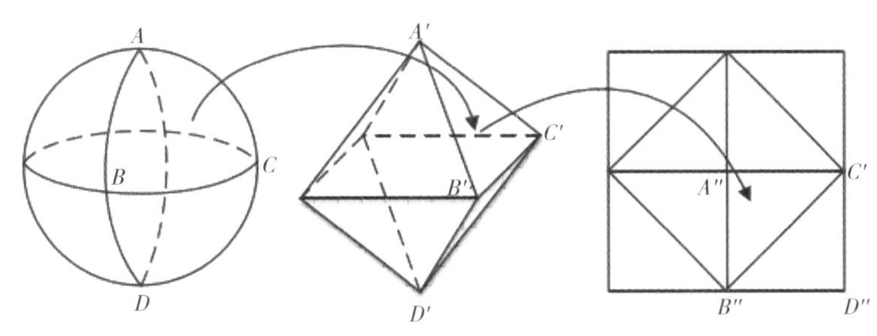

图 4-4 八分向量编码过程

假设某一顶点的法向量坐标为（x,y,z），其对应在球体坐标系统 ABC 区域的点坐标为（x,y,z），则根据空间几何相关知识可以得到该点映射到八面体中的坐标（x',y',z'）为：

$$x' = (2x - y - z) \div 3 \quad (4\text{–}1)$$

$$y' = (2y - x - z) \div 3 \quad (4\text{–}2)$$

$$z' = (2z - x - y) \div 3 \quad (4\text{–}3)$$

由于映射到 $A'B'C'$ 区域的点（x', y', z'）符合面 $A'B'C'$ 的平面方程，因此 z' 的坐标可以使用 x'、y' 表示：

$$z' = 1 - x' - y' \quad (4\text{–}4)$$

最后将八面体的坐标映射到正方形区域，存储 x' 和 y'。其他区域法向量的最终存储坐标，会因为该区域映射到的八面体的平面方程不同计算方法有所不同，但大体便是通过此运算过程将原来的三分量矢量最终转换为二分量矢量存储。通过存储的坐标获取原来的法向量坐标只需将上述运算过程翻转。本研究之所以舍弃三角表示法，是因为在 GPU 中对三角函数的计算代价太大，特别不利于网页端的三维显示。

4.3.2 glTF 模型转换设计与实现

Collada 是一个开放标准，它提供了面向交互式 3D 应用程序的基于 XML 的三维模型数字资产交换方案，使得三维建模软件之间可以自由地交换数字资产而不损失信息。除此之外，Collada 还可以作为场景描述语言用于三维模型数据的实时渲染。目前 Collada 已被标准化团体 Khronos 组织采纳为三维图形对象描述的标准规格。

Collada 格式将三维模型数字资源从难以理解的二进制格式转化为开放的以XML为基础的较好表述格式。经过多次的更新迭代，Collada 格式目前已经添加了对三维模型中的特效、动画和皮肤的支持，并且对 3DS、Maya、XSI 等主流三维建模软件都提供了输入输出插件程序，实现了多种三维建模软件之间三维模型数字资源的自由交换。虽然 Collada 存在上述诸多好处，但是由于它使用 XML 作为资源存储格式，使得文件体积较大，不适合作为最终网络传输文件格式。

在 Collada 格式文件中，三维模型的所有属性信息都以集合的形式存储，例如三维模型的动画、材质、纹理、几何体等不同种类信息被分别存储在不同的集合中。三维模型的每种属性都会以一个单独的元素存储起来：动画信息存储在 library_animations 元素中，灯光信息存储在 library_lights 元素中，纹理信息存储在 library_images 元素中，等等。在每个元素中都含有存储的模型属性相关信息，包括该属性中被定义的元素和该元素的具体数值。

Collada 格式对三维模型资源的存储形式与 glTF 格式对三维模型资源的存储形式极其相似，两者都采用将模型属性分开存储的方案，并且对模型的属性划分是一样的。事实上，Collada 格式的标准化组织 Khronos 正是 glTF 格式的设计和实现者，所以两者存在很多的相似性。不同的是，glTF 格式对模型数据的存储从 XML 格式转换为更容易解析的 JSON 格式，并对模型资源数据采用占用存储空间更小的二进制存储方法。

由于 Collada 格式对主流的三维建模软件的支持及 Collada 格

式与 glTF 格式在存储方案上的相似性，因此提出将 Collada 作为中间格式实现各种模型格式向 glTF 格式转换的思路。

4.3.3 glTF 基于 OSG 可视化的设计及实现

实现 glTF 在 OSG 平台可视化的基础是 OSG 的插件机制。OSG 允许通过自定义插件实现对 glTF 格式三维模型的文件加载、节点显示、动画实现、纹理加载等功能。OSG 插件是一组动态链接库，其中实现了 osgDB 头文件 ReaderWriter 定义的接口。为了保证 OSG 可以找到这些插件，插件所在的目录必须在系统的环境变量中指定，用户根据系统的环境变量来查找插件所在的路径。OSG 无法加载所有的插件来获取它目前所支持的文件格式，这样会给程序的启动带来很大的开销，因此 OSG 设计使用责任链的模式，以加载尽量少的插件。OSG 按照下面的步骤来查找合适的插件：

（1）OSG 搜索已注册的插件列表,查找支持文件格式的插件。

（2）若没有发现可以支持此格式的已注册插件，OSG 根据 osgdb_<name>.dll 的文件命名规则，根据 <name> 的名称来加载相应的格式文件，若加载成功则将此插件加入已注册插件列表中。

（3）重复步骤（1），若文件 I/O 操作再次失败，OSG 将返回失败信息。

对 glTF 文件的可视化主要包括文件加载、场景渲染和关键帧动画三个模块，按照 OSG 插件的命名规则，将该插件命名为 osgdb_glTF。

动画实现依赖于两个 C++ 库，分别为 pico JSON 和 stb_image。其中 pico JSON 是使用 C++ 实现的用于 JSON 解析序列化的库，由于 glTF 文件的模型资源都是以 JSON 文件形式存储的，本书使用该库来解析 glTF 中的模型资源。stb_image 是一个用来解析图片数据的 C++ 库，由于 glTF 文件的存储模式多样，使得用来存储纹理图片的数据可能以图片文件的形式存储在外部文件中，也可能将纹理图片的数据以二进制的形式嵌入 glTF 文件中。根据不同的文件格式，本书使用两种策略来进行处理。若纹理图片存储在外部文件，则使用 OSG 相应图片格式的插件加载纹理；如果纹理图片是直接用二进制存储的，则使用该库来实现对文件的解析。

1. 文件加载模块设计与实现

文件加载是整个插件得以实现的基础，通过该模块将描述场景的信息导入内存中，为以后场景渲染和动画实现提供数据基础。

文件加载模块通过使用 pico JSON 解析 JSON 文件内容，在得到数据之后，对 JSON 键值对根据 glTF 定义的资源元素进行解析。解析过程主要包括三方面的内容：判断资源元素中描述的属性是否完整，glTF 中每类资源都含有相应的属性描述信息，如在 BufferView 中就定义有此 Buffer View 的长度、偏移量、名字、所指向的 Buffer 等属性；获取相应资源元素属性的描述数据，在判断属性是否完整之后，还要获取相应属性的数值；对相应属性数据做类型转换，由于 JSON 文件中存储的都是字符类型，但对于资源元素属性来说，可能有的属性数值为整数型，因此，要根据具体的属性将对应的属性值进行类型转换。具体的加载解析流程如图 4–5 所示。由于在 glTF 文件中的描述元素有很多种，图中并没有列出对全部元素的解析过程，只是举出 Asset 元素与 BufferView 元素作为例子。

根据 glTF 中对场景元素信息的定义，构建相应的类存储每个元素的内容，详细情况见图 4–6。

Scene 类是描述整个三维场景的类，它存储了三维模型文件的所有数据，包括节点、纹理、动画、材质等。为了减少对内存的占用，类中的所有元素都是通过键值对索引指向真正存储数据的对象的。每个类中对场景的描述数据都不是直接存储在该类中的，类之间通过索引相互关联在一起，所有的数据都被存储在 Buffer 类中，该类使用无符号字符数组来存储二进制数据。

Accessor 类、BufferView 类存储的是对 Buffer 类中数据的解析信息，如该数据的类型、长度、偏移量等，BufferView 类中含有“buffer”成员变量，它被定义为一个字符串，该字符串内容为需要引用的 Buffer 类对象名字，由于在 Scene 类中所有的元素

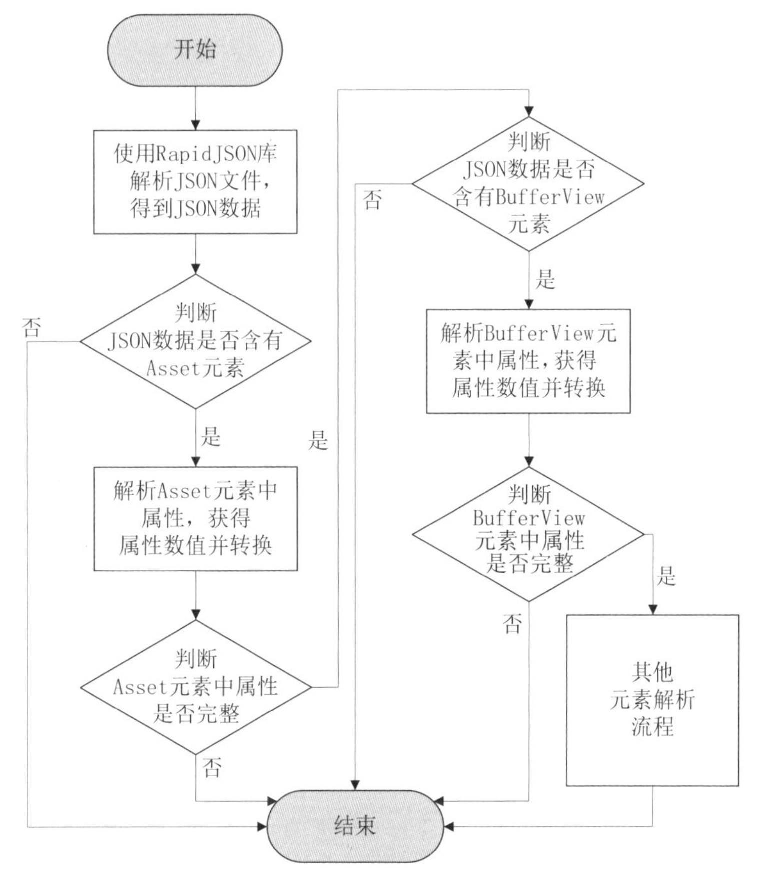

图 4-5 数据加载解析流程图

都通过键值对存储，因此将该字符串作为查找关键字便可以找到 BufferView 类对象引用的 Buffer 对象；同样的，在 Accessor 类中存储了要引用的 BufferView 类对象名称。根据 Accessor 类和 BufferView 类中定义的解析信息，便可以将 Buffer 中的二进制数据解析为相应类型的数据。

Mesh 类存储的是渲染物体的具体信息，每个 Mesh 类中含有多个 Primitive 类对象，Primitive 类中定义了组成该图元的渲染模式如面和点，图元的顶点信息如顶点坐标、法向量和纹理坐标，图元的材质，以及图元使用的顶点索引。通过这些 Primitive 类对象中的信息对模型进行渲染。当然，这些数据并不是直接存储在该类中的，实际上，上述所有信息存储的都是 Accessor 类对象的名称，然后通过对 Accessor 类对象的解析得到具体的模型数据。

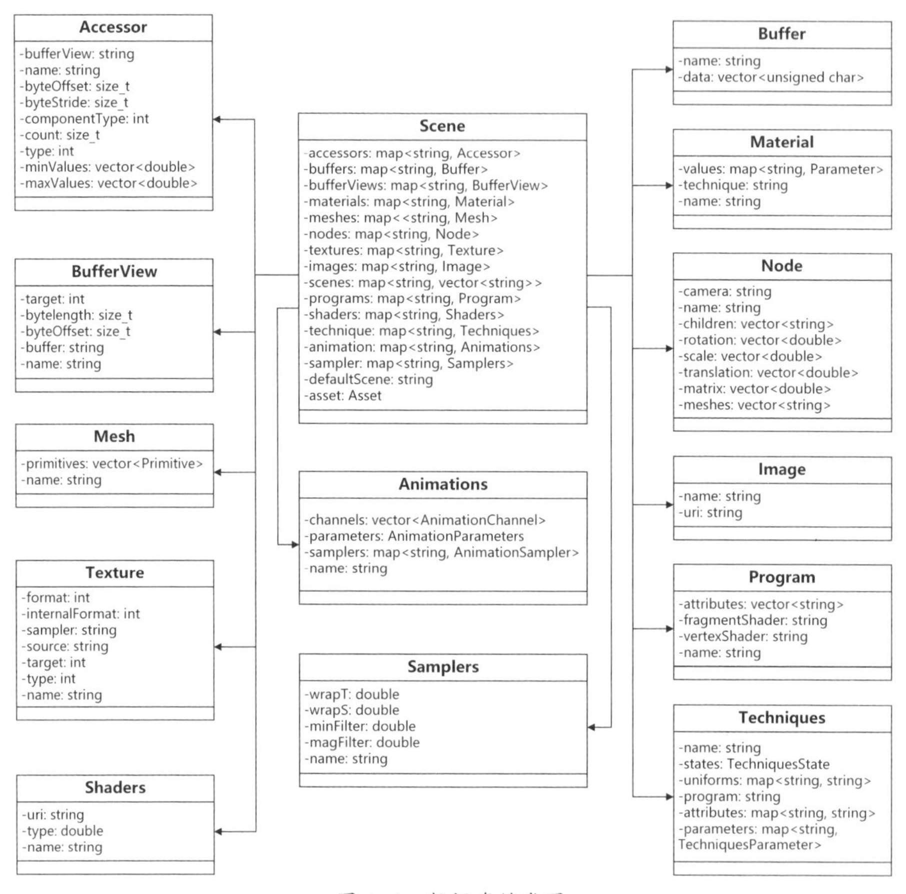

图 4-6　数据存储类图

Material 类表示的是渲染模型的材质信息，它被 Primitive 类引用。Material 类主要定义了该模型的漫反射、镜面反射和亮度等光照信息，所有这些信息的数值被直接定义在该类中，但是这些信息的具体解释信息如漫反射的语义、数据类型，则通过在该类中引用的 Technique 对象定义。

Shaders 类定义了渲染该模型使用到的着色器程序，这些程序代码通常都存储在外部文件中。因此，Shaders 类通常提供了这些程序代码的外部文件路径及着色器类型。着色器主要有顶点着色器和片段着色器两种。

2. 场景渲染模块设计与实现

在得到所有文件数据之后，便能够实现对场景的渲染。渲染的实现主要是通过调用 OSG 封装的 OpenGL 接口来实现。具体到设计实现上面，在场景渲染模块主要实现以下几种功能：对二进制数据的解析、着色器代码的加载、场景图的还原描述。

由于 glTF 文件的模型数据以二进制的形式存储在外部文件中，通过文件加载模块得到的数据只是对 glTF 中 JSON 文件的描述，还要通过 JSON 中的信息来解析二进制文件才能真正得到模型的数据。二进制数据是根据在 JSON 中描述的数据基本类型（整型、浮点型等）、数据类型（Vec2、Vec3 等）、数据在二进制块中的偏移量进行解析的。在 glTF 文件中，元素数据并不直接指向二进制文件数据，只有 Buffer 元素直接指向二进制文件，其他所有元素数据都只能通过 Accessor、BufferView 元素来找到其对应的数据。具体的索引关系如图 4–7 所示。

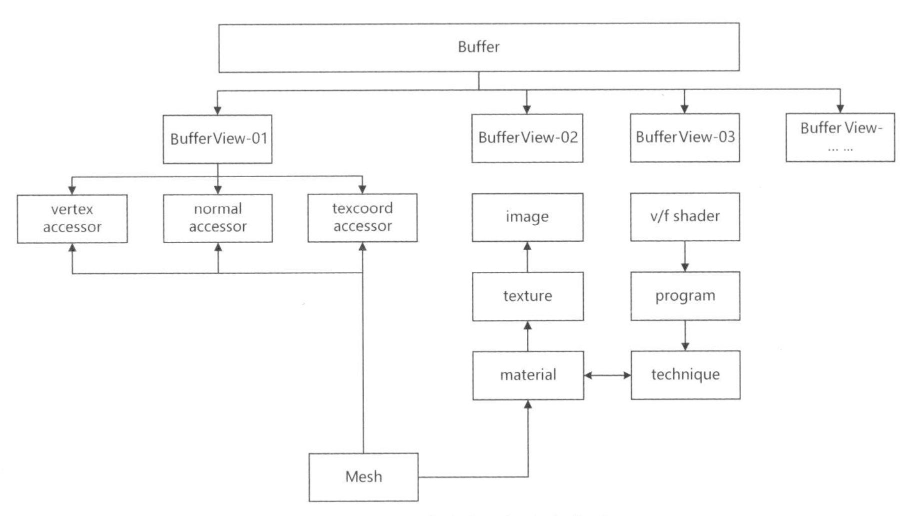

图 4–7 元素数据引用关系图

在各个描述场景的元素中，数据的解析都是通过 Accessor 来实现的，在 Accessor 中定义有解析其元素的详细信息。具体的解析过程为：在元素中定义指向描述此元素数据的 Accessor 元素，在 Accessor 元素中定义了指向 Buffer 的 BufferView 元素，Buffer 中则存储了具体的二进制数据，BufferView 描述了元素数据在 Buffer 中的偏移量和步长等信息；在 Buffer 中存储了所有的模型资源数据，通过 BufferView 获取元素数据的数据段，并通过 Accessor 解析该数据段数据。具体的解析过程见图 4–8。

在渲染场景之前，还有一个重要的步骤便是加载着色器代码，着色器主要有顶点着色器和片段着色器，主要作用是处理与顶点及画面相关的信息。着色器代码通常都是以单独的文件存储在外部，OSG 中常用的着色器代码语言为 GLSL（OpenGL Shading Language）。在着色器加载完成之后开始对场景进行渲染，在具体的实现中，数据的解析是在渲染过程中同步实现的。OSG 填充场景中每个模型的顶点、法向量等数据生成具体的模型，然后通过 glTF 描述的场景生成场景图，最后将场景图转换得到状态图，实现整个场景的渲染。

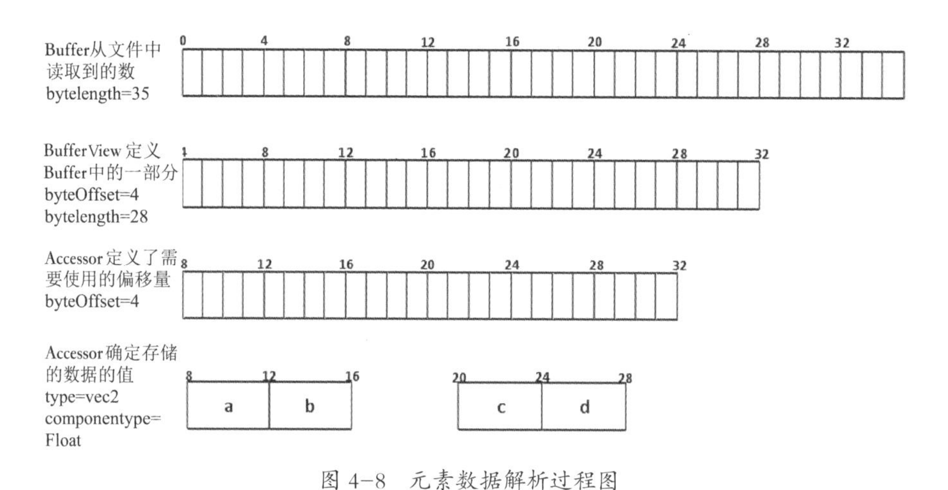

图 4–8　元素数据解析过程图

场景的渲染首先需要在 glTF 文件中找到 Scene 元素，即描述整个场景结构的元素，该元素所描述的信息便是整个场景的根节点，之后使用深度优先遍历来得到其所有的子节点。在两个场景节点之间通常含有偏移节点来表示子节点与父节点在空间上的偏移量，因此在向父节点添加子节点数据之前还要创建一个偏移节点，然后将子节点添加到该偏移节点中。完成上述工作之后，根据子节点中的材质等信息，创建该子节点的状态集。最后，如果该节点含有纹理信息，还需将其绑定到该节点中。按照上述流程继续处理剩余的子节点，直至场景中的所有节点都被处理完毕，由此完成对整个场景的渲染。

4.3.4 模型资源浏览器设计及实现

模型浏览器是 glTF 文件在 Web 端的可视化实现，在模型浏览器中实现了比 OSG 更多的功能，它提供了模型的预览功能及对模型的后台数据管理功能。模型浏览器主要包含两方面的内容：glTF 模型数据服务和模型资源库浏览器。

1.glTF 模型数据服务设计及实现

glTF 模型数据服务主要包含两个方面的内容：设计文件存储方式和服务接口。如果使用静态 HTTP Server，会在 url 中暴露文件的组织方式，而且如果模型文件或者文件夹中含有中文名，则无法使用。因此使用 JSON 文件来重新定向文件路径，实现对文件的隐藏。

Meta.json 文件中存储了所有模型的元数据，具体内容包括模型 ID、模型名字、模型文件路径和对模型的详细描述。模型 ID 是模型的唯一标识，不能是中文或其他在 url 中需要转义的字符；模型名字可以为中文；模型文件路径为相对于 Meta.json 的相对模型文件路径，只需要指定到 Thumb View.png 所在的文件夹即可，服务器会根据从浏览器传过来的模型 ID 和模型版本找到具体要使用到的文件路径；模型的详细描述包括模型的创建时间、作者和具体功能描述等。

模型浏览器实现了对三维模型的预览和浏览两个功能，因此模型数据必须具备两个服务接口：一个获取所有三维模型的预览图片，一个获取三维模型数据的实际存储地址。两个服务接口介绍如下：

（1）“http://hostname/model/catagory”：用于获取所有三维模型的预览图片。由于 Meta.json 文件中存储了所有模型的相关信息，包括其预览图片，因此通过加载元数据文件、解析元数据文件内容便可以得到模型预览图片的文件地址。前端得到预览图之后，加载每个模型的预览图文件，生成一个 Grid 视图的 html 文件，点击一个单元可以加载实际的 glTF 文件，进入模型浏览页面。该服务接口返回的是 Meta.json 文件的内容。

（2）“http://hostname/model/id/version”：用于获取具体的三维模型数据。服务接口中的“id”表示需要访问的三维模型的 ID；“version”表示三维模型的文件存储形式，包括“ordinary”和“binary”两种，每个三维模型都有两种不同的文件存储形式，分别放在该模型文件夹下的两个子文件夹中。该服务接口返回的是需要使用到的三维模型文件的文件路径和该三维模型在 Meta.json 中的元数据信息。

glTF 模型数据服务是基于 Node.js 实现的，在数据服务端主要功能便是实现在模型数据中定义的两个接口。加载元数据文件的服务接口功能比较简单，只需要读取服务器中定义的元数据文件，然后将元数据文件内容发送到前端即可。前端会根据获得的元数据文件信息，找到对应模型的预览图，完成对模型预览的加载。在完成对所有模型资源的预览之后，前端会生成对具体模型的浏览按钮。浏览按钮有两个，分别对应不同的模型版本。获取模型数据的服务接口根据浏览按钮的不同来获取模型的不同版本。该接口返回的是该模型对应版本的文件路径，前端页面使用 Three.js 实现对模型的加载及显示，其解析过程如图 4–9 所示。

2. 模型资源浏览器页面设计及实现

模型资源浏览器是展示模型预览效果与三维模型可视化效果的前端页面，主要由两个界面组成，即模型资源目录视图（category.html）和模型浏览视图（webglglTF.html）。资源目录视图以网格

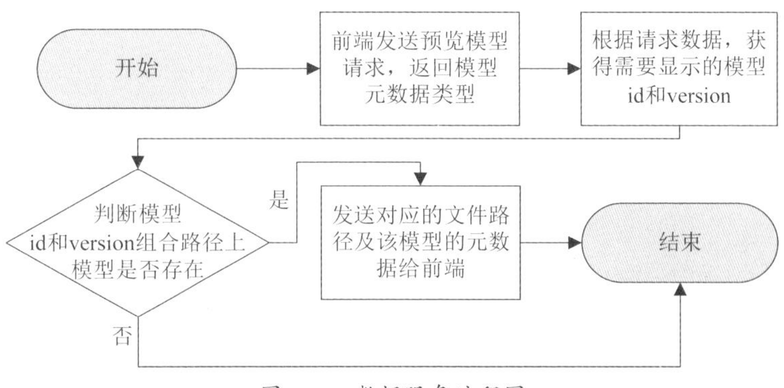

图 4-9 数据服务流程图

形式布局，每个网格对应一个三维模型的信息。目前资源浏览器支持“ordinary”和“binary”两种 glTF 存储版本，点击相应的三维模型链接按钮，进入模型浏览页面。模型浏览页面主要由以下四部分构成：三维模型主视图、FPS 信息（Frame Per Second，是渲染性能的重要指标之一）、动画控制面板和该三维模型的元数据信息。三维模型主视图用于显示三维模型、参考网格及实现与三维模型的交互；动画控制面板用于控制动画的启动和停止；模型元数据部分被放置在浏览器的右上角，用于显示该三维模型的具体信息，该部分内容来自数据服务端中的 Meta.json 文件。

模型资源浏览器在加载资源目录页面 category.html 文件时向服务器发送 Ajax 请求元数据，在得到元数据之后，根据得到的数据信息构建模型资源目录页面。根据选择的模型 ID 及版本号，发送其组合给服务器，可以得到具体的模型资源文件，通过 Three.js 实现对模型的加载和显示。

模型资源目录页面中显示了所有三维模型的预览效果，该预览效果通过加载三维模型的预览图来实现。因此每个三维模型除了具体的三维模型数据之外，还含有该三维模型的静态预览图片。在该页面中，会为每个三维模型创建一个网格来表示该模型在页面的显示信息，网格中含有该模型的名字、预览图以及指向不同版本模型文件的链接按钮。模型名字从加载的 Meta.json 文件中对该模型的描述中获得；预览图同样从 Meta.json 中获取，与模型名字不同的是，它是通过 Meta.json 提供的文件路径对服务器再次请求获得的；链接按钮是从模型资源目录页面跳转到模型浏览页面的入口，每个模型网格中都会含有两个链接按钮，对应该模型两种不同的文件存储形式。具体的资源库目录页面构建流程如图 4-10 所示。

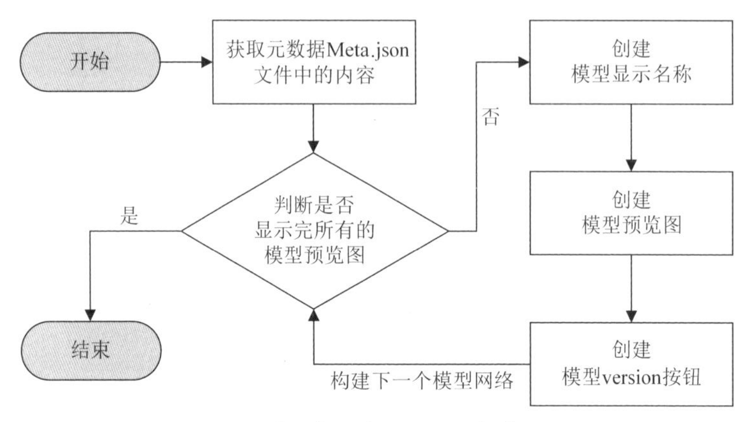

图 4-10　模型资源库目录页面构建流程图

模型浏览页面中实现了对三维模型文件的加载、显示和动画效果。由于开源三维渲染引擎 Three.js 定义实现了对 glTF 文件格式的接口，因此本研究中对三维模型的操作都是基于该三维渲染引擎实现的。在从服务器得到模型文件路径之后，使用 Three.js 对 glTF 文件进行加载，在得到具体的模型数据之后调用 Three.js 库 API 创建场景、设置相机位置、设置环境光线，然后进行场景的渲染。除了三维模型的显示，在模型浏览界面还有对元数据信息的显示，该功能通过在界面中添加 Table 来实现，通过解析元数据文件中该模型的信息描述，将信息添加到 Table 中，实现对元数据的显示。

4.4 WebGL 三维渲染引擎

随着互联网产业的蓬勃发展，Web 相关技术体现出了越来越重要的价值。而任何一个有吸引力的 Web 程序中必不可少的元素之一就是图形。但是，随着 Web 程序的复杂度不断提高，传统的二维平面图形已无法满足程序的需要，于是用于 Web 程序的交互式三维图形应用应运而生。

但是早期的技术并不成熟，比如 Java Applet 所实现的非常简单的 Web 交互式三维图形程序，不仅需要下载一个巨大的支持环境，而且画面非常粗糙，性能也很差。其主要原因就在于 Java Applet 在进行图形渲染时，并没有直接利用图形硬件本身的加速功能，因此即使安装了性能很高的显卡，对于 Web 页面的交互式三维图形的渲染也起不到任何作用。

后来，Adobe 的 Flash Player 浏览器插件和微软 Silverlight 技术相继出现，逐渐成为 Web 交互式三维图形的主流技术。与 Java Applet 技术不同，这两种技术都直接利用操作系统提供的图形程序接口来调用图形硬件的加速功能，从而实现了高性能的图形渲染。但是，这两种解决方案也存在一些问题。首先，它们都是通过浏览器插件形式实现的，这就意味着对于不同的操作系统和浏览器需要下载不同版本的插件，而对于某些特殊的操作系统或浏览器，就可能没有对应版本的插件；其次，对于不同的操作系统，这两项技术需要调用不同图形程序接口。这两点不足，很大程度上限制了 Web 交互式三维图形程序的使用范围。

而 WebGL 的出现完美地解决了上述两个问题。首先，它通过 JavaScript 脚本本身实现 Web 交互式三维图形程序的制作，而无需任何浏览器插件支持；其次，它利用底层的图形硬件加速功能进行的图形渲染，是通过统一的、标准的、跨平台的 OpenGL 接口实现的。这意味着不需要再通过任何浏览器插件，仅仅用 HTML 和 JavaScript 就可以制作出性能丝毫不亚于现在用 Flash、Silverlight 等做出来的 Web 交互式三维图形应用，而且在任何平台上都能以同样的方式运作，这是一种革命性的改变。

但是，直接基于 WebGL 开发交互式三维图形程序既繁杂又费时，需要关注大量底层细节，在实现过程中极容易出错。为了解决这些问题，一些开发人员将交互式三维图形程序开发中常用的一些功能封装成软件套件，从而为其他开发人员开发类似的程序提供便利，避免了他们每次都“重新发明轮子”。这种软件套件通常被称为3D图形引擎。

通常可以将3D图形引擎比喻为赛车引擎，众所周知，赛车的心脏是引擎，它决定了赛车的稳定性和性能，赛车的操纵感、速度等与赛车手密切相关的指标均与引擎密切相关。3D图形引擎同样如此，用户从交互式三维图形程序中所体验到的动画画面、交互体验等均与3D图形引擎密切相关。3D图形引擎在三维图形程序中扮演着赛车发动机的角色，将程序中所有的元素捆绑在一起，并在后台指挥程序协调工作。

正是由于3D图形引擎对交互式三维图形程序开发至关重要，所以学术界和工业界几十年来一直没有停止对3D图形引擎的研究，也积攒下了大量宝贵的经验，其中包括3D引擎的基本架构和相关的计算机图形数学理论以及大量的软件资源。这些经验为开发基于WebGL的3D图形引擎提供了理论支持和借鉴方案。鉴于目前基于WebGL的图形引擎研究还处于较基础的阶段，本研究通过借鉴这些经验，设计并实现了一个基于WebGL和JavaScript的3D图形引擎，验证用于WebGL交互式三维图形程序开发的可行性，并为其他开发者开发Web交互式三维图形程序提供便利。

4.4.1 3D引擎基本架构

1. 设备驱动

设备驱动是由操作系统或硬件制造商提供的底层软件组件。驱动对硬件资源进行管理，同时还对操作系统和上层引擎层隐藏了底层不同硬件之间的通信细节。

2. 第三方SDK和中间件

大多数的3D引擎都会调用一些第三方的软件开发包或中间件。SDK中提供的函数或类接口通常被称为应用程序接口（API）。常用的软件开发包和中间件如下：

（1）Boost、STL和Loki等数据结构和算法库；

（2）OperGL、DirectX和libgcm等图形库；

（3）Havok、PhysX、ODE 等碰撞检测和物理引擎；

（4）Granny、Havok Animation 和 Edge 等角色开发库。

3. 渲染引擎

渲染引擎是 3D 引擎中最大最复杂的组件。渲染器的架构方式多种多样。尽管渲染引擎的架构各有不同，但是大多数的现代渲染引擎都有一些共通的设计哲学，而这些哲学在很大程度上都基于 3D 图形硬件的设计。渲染引擎的设计经常采用如下的分层架构：

（1）底层渲染器：底层渲染器包含了引擎中的所有原始渲染设施。底层渲染器主要的设计原则是在尽可能短的时间内渲染尽可能多的几何图元，而不去关注场景中哪些部分是可见的。这个组件被分成了数个子组件。

（2）图形设备接口：类似 DirectX 和 OpenGL 这类的图形 SDK 通常都需要使用一些代码来初始化可用的图形设备，设置渲染表面（后置缓存、模版缓存等）等。3D 引擎中通常会使用图形设备接口来解决这个问题。

（3）其他渲染器组件：底层渲染器中的其他组件主要负责收集发送给图形硬件的几何图元（有时也称为渲染数据包），例如网格、直线链表、顶点链表、粒子、地形块、文字等希望尽快渲染的几何图元。底层渲染器通常会提供一种视窗抽象机制，而且有一些与之关联的相机空间到世界空间的转换矩阵和 3D 投影参数，例如视场、近裁剪平面和远裁剪平面。底层渲染器通过材质系统和动态光照系统对图形硬件和游戏着色器进行管理。

4.4.2 国内外桌面级 3D 渲染引擎研究

1.Quake 系列引擎

Castel Wolfenstein 3D（1992）是第一款被游戏玩家广泛接受的 3D 第一人称射击类游戏（FPS）。这款游戏是由总部位于得克萨斯州（Texas）的 id Software 公司为 PC 平台开发的，它为游戏产业的发展指明了一个激动人心的新方向。id Software 公司随后又接连开发了 Doom、Quake、Quake 2 和 Quake 3 四款游戏，这四款游戏所使用的 3D 引擎架构类似，所以我们将其统称为 Quake 系列引擎。还有其他许多游戏也是由该引擎构建的，甚至一些别的引擎也是利用该引擎所提供的技术构建出来的。

许多基于 Quake 技术构建的游戏，并非直接使用 Quake 引擎构建而成的，而是通过一些其他的游戏或平台间接地使用到 Quake 技术。事实上，Valve 公司的 Source 引擎最初也根植于 Quake 技术。

2.Unreal 引擎

Epic Games Inc. 在 1998 年突然出现在 FPS 领域，并带来了一个传奇性的游戏 Unreal。从那之后，Unreal 引擎就一直是 Quake 引擎在 FPS 领域最大的竞争对手。Unreal Engine 2（UE2）引擎是 Unreal Tournament 2004（UT2004）的基础。大量的玩家和程序员据此开发出了数之不尽的“MOD”、大学项目和商业游戏。而 Unreal Engine 3（UE3）引擎则宣传说它带来了业界最好的工具和最丰富的游戏特性集，其中包括一个方便且强大的着色器构建图形用户界面以及一个被称为 Kismet 的方便且强大的游戏逻辑编程图形用户界面。有不少游戏使用 UE3 引擎进行开发，其中就包括 Epic 公司的流行游戏 Gears of War。

Unreal 引擎因其丰富的扩展性和易于使用的内置工具而广为人知。Unreal 引擎并不是完美的，所以大多数开发者都会对其进行某些修改以使他们的游戏在特定的平台上能以最佳的方式运行。但是 Unreal 引擎的确是一个异常强大的原型工具和商业游戏开发平台，几乎可以用它来构建任何第一人称和第三人称的 3D 游戏——更别提其他种类的游戏了。

3.Source 引擎

Source 引擎是获得巨大成功的 Half-Life 2 及其续集 HL2、Episode One、HL 2：Episode Two、Team Fortress 2 和 Portal（被冠以“The Orange Box”的名字一起发行）的引擎。Source 引擎是一款高质量的引擎，在图形性能和工具集方面可以与 Unreal

Engine 3 引擎相媲美。

4.XNA Game Studio

微软的 XNA Game Studio 是一款易于使用、非常易学的游戏开发平台。它鼓励玩家制作他们自己的游戏，并在网上游戏社区中将其共享出来，就像 YouTube 鼓励用户制作并共享自拍视频一样。

XNA 基于微软的 C# 语言和公共语言运行时（Common Language Runtime，CLR），主要的开发环境是 Visual Studio，或其免费版 Visual Studio Express。所有东西——从源代码到游戏艺术资产都由 Visual Studio 进行管理。开发者可以使用 XNA 为 PC 平台和微软的 Xbox 360 游戏机制作游戏。在付费后，玩家可以将自己制作的游戏上传到 Xbox Live 网络中与朋友分享。通过无偿地提供一些优秀的工具，微软为普通用户打开了一扇制作新游戏的大门。

5. 专有内部引擎

许多公司都会构建和维护一些专有内部 3D 引擎。Eletronic Arts 公司制作的许多 RTS 游戏都是基于 Westwood Studios 公司开发的一款称为 SAGE 的专有内部引擎开发的。Naughty Dog 公司制作的 Crash Bandicoot、Jak and Daxter 系列和 Uncharted: Drake's Fortune 分别在 PlayStation、PlayStation 2 和 PlayStation 3 定制的三款内部引擎中进行了构建。当然，大多数的商业许可的 3D 引擎，例如 Quake、Source 和 Unreal Engine 最初都是专有内部引擎。

6. 开源引擎

开源 3D 引擎是由业余爱好者和专业游戏开发者构建的可以从网上免费获取的引擎。术语“开源”通常意味着可以免费获取引擎的源代码，同时还意味着引擎开发过程中使用了某种开源开发模式，而采用这种开发模式则意味着每个人都可以为引擎贡献代码。开源引擎通常会采用 GNU 公共许可（GPL）或宽松 GNU 公共许可（LGPL）。网上有大量的开源引擎，其中有些引擎非常不错，有些引擎比较一般，还有些引擎非常糟糕。

OGRE 是一款架构良好、易于学习、易于使用的 3D 渲染引擎。它自称拥有一个功能完备的渲染器（包括高级光照和阴影功能）、一个优秀的骨骼角色动画系统、一个用于平视显示（HUP）和图形用户接口的二维叠加系统及一个用于制作全屏效果（例如光晕效果）的后期处理系统。ORGE 并不是一个完整的 3D 引擎，但是它确实提供了大部分3D引擎中都需要用到的一些基本组件。

下面是一些知名的开源引擎：

（1）Panda 3D 是一款基于脚本的引擎。这一款引擎的主要接口是一种自定义 Python 脚本语言。它主要用于 3D 游戏原型和虚拟世界的快速制作。

（2）Yake 是一款在 OGRE 基础上构建的功能完备的3D引擎。

（3）Crystal Space 是一款基于可扩展模块架构的 3D 引擎。

（4）Torque 和 Irrlicht 也是两款被广泛使用的知名 3D 引擎。

上述这些桌面级的 3D 引擎多数都只能作为桌面应用使用。虽然 Unity 3D 和 Unreal 4/5 等引擎提供了 WebGL 的运行时导出，能够让所创建的内容运行在浏览器中，但因为其对性能要求非常高，同时还有着极为复杂的内部运行逻辑、封闭式的数据流程及对于轻量化无用的物理 /AI/ 声音等各类模块，所以使用这类引擎来研发基于 Web 的 BIM 轻量化通用应用难度虽较低，但几乎没有什么适用性，很难以通用平台形式进行研发。

4.4.3 国内外 WebGL 渲染引擎研究

1.PlayCanvas

PlayCanvas 是一个开源的 3D 交互引擎，其带有一个专有的基于云的内容创建平台，允许多名开发者使用浏览器对内容同时进行编辑。其功能还包含刚体物理模拟、三维音频与各类模型动画支持。

该引擎的最大特点为其自带的多人协作式的在线实时编辑器，同时还支持 WebGL 1.0 和 WebGL 2.0 标准。其使用 JavaScript 作为内置脚本语言以实现内容交互。完成的内容可以使用网页链接或打包后使用其他原生封装进行分发。

2.Babylon.js

Babylon. js 是一个即时 3D 引擎，使用 JavaScript 工具库通过 HTML5 在网页浏览器中显示 3D 图形。源代码可在 GitHub 上获取，并以 Apache License 2.0 许可协议发布。

Babylon.js 最初于 2013 年根据微软公共许可证发布，由两名微软员工开发。David Catuhe 创建了 3D 游戏引擎，并得到了 David Rousset（VR、Gamepad 和 IndexedDB 支持）的帮助，主要是在业余时间作为个人项目。他们还得到了艺术家米歇尔·卢梭的帮助，他贡献了几个 3D 场景，是基于 WPF 的 3D 系统的早期游戏引擎。Catuhe 的个人项目后来成为他的全职工作，也是他团队的主要关注点。2015 年，Catuhe 在巴黎的 WebGL 会议上对 Babylon. js 进行了介绍。

其源代码用 TypeScript 撰写，然后转译成 JavaScript 版本。终端用户可以通过 NPM 或 CDN 使用 JavaScript 版本，开发者可使用 JavaScript 或 TypeScript 编写项目代码，调用引擎的 API。

Babylon.js 为游戏开发者提供了完整的功能：PBR（Physically Based Rendering, 基于物理的渲染）, Deferred Shading（延迟渲染）、物理引擎、导航寻路网格系统。此外其独有的基于节点式的材质编辑器以可视化的拖拽节点的方式来模拟 shader 编程，从而能够为每个从业者解锁 GPU 的强大威力。

Babylon.js 于 2022 年发布了支持 WebGPU 的 5.0 版本，从而成为第一批支持 WebGPU 同时还带有完整的游戏引擎的框架。

3.Three.js

Three.js 是一个利用 WebGL 技术创建和展示 3D 图形的 JavaScript 库。它是一个开源项目，旨在使在 Web 浏览器中使用 3D 图形变得简单和高效。它提供了一个简单且易于使用的 API，使开发人员能够轻松创建复杂的 3D 场景和交互式图形。它抽象了底层的 WebGL 接口，简化了 3D 图形编程的复杂性。

Three.js 可以在所有现代的 Web 浏览器上运行，包括桌面和移动设备。它利用了 WebGL 技术，这是一种基于 OpenGL ES 的 JavaScript API，允许在浏览器中进行硬件加速的 3D 渲染。它提供了丰富的渲染功能，包括灯光、阴影、纹理贴图、粒子系统等；支持多种渲染技术，例如 Phong 着色、环境贴图和法线贴图等，使得渲染的结果更加逼真和细致。

Three.js 提供了各种相机类型，如透视相机（PerspectiveCamera）和正交相机（OrthographicCamera），以及控制相机视角和位置的功能。这使得用户能够自由地浏览和交互 3D 场景。它也支持动画和交互的创建和控制。它提供了一个内置的动画引擎，可以轻松地创建平滑的动画效果。此外，它还支持鼠标、键盘和触摸事件的处理，使用户能够与 3D 场景进行交互。

Three.js 具有强大的扩展性，可以通过加载和使用各种插件、模型和材质来增强功能。它还拥有一个活跃的社区，提供了大量的文档、示例和教程，帮助开发人员解决问题并分享他们的作品。

Three.js 的重点在于灵活的渲染与场景交互，相比其他库，缺少物理引擎及高级的 WebGL 渲染特性。在 2022 年，Three.js 也引入了对 WebGPU 的初步支持，成为除 Babylon.js 之外支持 WebGPU 技术的另一个选择。

除上述这三个在行业内应用较为广泛的 WebGL 框架之外，还有众多其他开源的框架，例如 A-Frame、Clara.io、OSG.JS 等。

深入了解就可以发现这类 WebGL 框架都有其自身独特的优势：Babylon.js 提供了作为游戏引擎所需要的一切功能，但没有在线协作；PlayCanvas 不仅能够作为游戏引擎，还提供了强大的在线协作编辑功能，同时还可以开发 2D 游戏；OSG.JS 完全基于 OpenSceneGraph 的概念等。

本课题的 BIM 轻量化开发不需要完整的游戏引擎，特别是游戏引擎中必备的物理引擎、音频功能、组件脚本、复杂 UI 与 2D 渲染等功能支持。此外还需要考虑 BIM 模型的复杂程度不一，例如部分 BIM 模型中可能会包含上百万个实体元素，这样复杂的 3D 场景结构对于完全基于 CPU 单线程性能实现的 WebGL 来说将导致严重的性能问题。

如果选择完全从头开发一个 WebGL 库，所花费的时间、物力、人力将会达到巨大到无法接受的程度，因此在选择框架时必须综合考虑各类因素：不需要复杂的如物理音频的模块；场景结构必须足够轻巧；引擎的渲染逻辑必须完全可控。符合上述要求的框架目前看来最合适的只有 Three.js。

4.5 技术实现

实现 BIM 的 Web 端轻量化及渲染的首要问题是解决 BIM 文件的模型信息的解析。目前的解决方案有以下三种：

（1）从 BIM 软件中直接导出轻量化的数据。此方式需要给各类 BIM 软件开发对应功能的导出插件。此方式最大的优势在于所有的数据和信息都可原生取得；但同样存在较大的劣势：因 BIM 软件众多，并且其二次开发接口的能力也不尽相同，不仅要考虑二次开发所使用的开发语言、框架版本的区别，还要考虑 BIM 软件不同版本的差异，因此工作量巨大，并且需要持续不断地投入研发。此外，采用此方式也无法进行云部署。

（2）采用软件自带的 SDK 或第三方 SDK 读取 BIM 软件的文件。此方式适用于云计算平台的部署，但最大的问题在于绝大部分的商业 BIM 软件无法提供能够直接读取其专有格式文件的 SDK。另外，第三方 SDK 能够支持的 BIM 软件也相对较少。因此若采用此方式会将 BIM 软件限制为极少的部分软件而失去适用性与通用性。

（3）采用行业通用的数据格式作为中间格式进行几何与信息的读取。目前行业内影响最大并且绝大多数 BIM 软件均支持 buildingSMART 的 IFC 格式的导入与导出，采用此方式能够最大化地支持 BIM 软件，同时将开发的工作量缩减为仅需要支持解析 IFC 一种格式。但此方式也有一定的弊端：BIM 软件对 IFC 标准的支持程度不一；同时有较多的导出选项，而默认导出设置会丢弃很多信息，增加了用户的使用难度。

从本课题的应用开发难度与时间限制上综合考虑，课题组最终选择使用 IFC 作为 BIM 轻量化实现的技术路径。

4.5.1 IFC 版本的选择

本课题要实现基于 IFC 的 WebGL 轻量化渲染，首先最需要解决的问题是了解各软件对 IFC 的支持情况。截至本书写作时，主流 BIM 软件对 IFC 的支持都已经相当完善。

Revit 从 2018 版本开始已经完整支持 IFC 4x1 的所有内容，同时支持 IFC 的所有 MVD 及文件格式的导入及导出，但 2021 版本仍然不支持轴网的导出。

Tekla 目前仍然停留在受支持最广泛的 IFC 2x3，所有 IFC 4 的版本仅作为实验性支持，需要相对复杂的软件设置之后才能导出。但导出的 IFC 4 的文件尚未经过验证，以致部分 IFC 的解析库无法读取。

ArchiCAD 对 IFC 的支持已经相当完善，支持 IFC 已经正式公布的所有版本、MVD 及文件格式的导入及导出。

由于各软件对 IFC 的支持程度不尽相同，而各 IFC 版本包含的数据信息也不完全一致，因此本课题选择使用 IFC 2x3 作为导出的版本，MVD 选择 CV 2.0。

4.5.2 Revit 中的导出参数选择

在 Revit 中导出 IFC 有很多设置项，包括属性参数等一系列的内容需要设置。在 Revit 默认的导出预设中仅导出了部分属性信息。而本研究不但需要解决 BIM 的轻量可视化，还需要将模型与构件状态数据进行集成，因此需要修改部分选项设置。

在导出时的常规选项中，项目原点必须为当前共享坐标，阶段的设置也遵循默认的设置项（图 4–11）。

导出的其他内容设置中不需要修改任何默认的设置，不需要导出链接的文件，以避免导出的文件过大以及导出不需要的文件（图 4–12）。

在属性集选项中需要修改较多的设置，其中 Revit 属性集、IFC 公用属性集、基准数量这三类信息必须全部选择导出（图 4–13）。

在高级设置中必须选择最重要的一项设置，即导出后将 IFC

GUID 存储在图元参数，如果没有此参数的导出，IFC 的每个图元、构件将无法与系统平台内的构件进行关联，因此必须选中此选项（图 4-14）。

由于以上部分默认选项的修改较为复杂，Revit 的建模人员手工进行修改会非常麻烦，因此需要在导出插件中直接设置相应的选项，然后先导出 IFC 文件，再导出项目的预制构件数据，才能够实现 IFC 中的预制构件与平台中的构件信息关联。

图 4-11 导出修改设置常规选项

图 4-12 导出修改设置其他内容选项

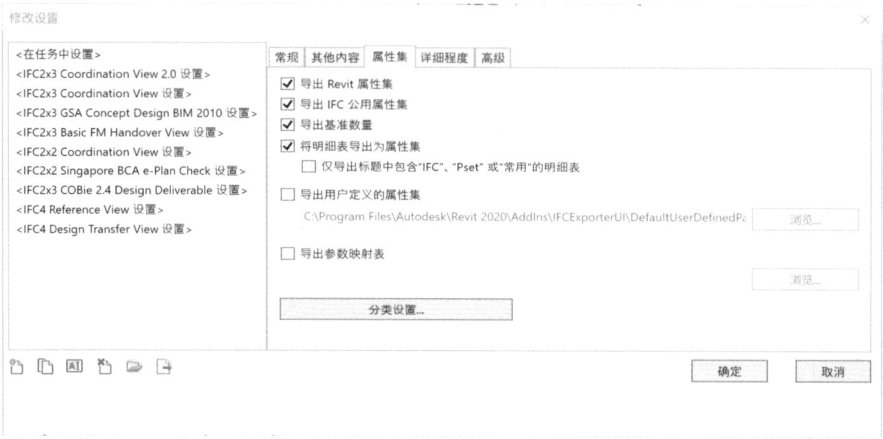

图 4-13　导出修改设置属性集选项

图 4-14　导出修改设置高级选项

4.5.3 平台 Revit 插件中的自动设置与导出

在平台的 Revit 导出插件中，数据导出部分在功能触发后会直接导出 Revit 当前项目中的预制数据。但由于 IFC 的选项设置较为复杂，同时为了保证 IFC 的 GUID 能被关联导出，所以需要修改平台插件的导出部分，实现导出 IFC →存储 GUID → 导出数据的顺序操作。

利用 Revit API 导出 IFC 的过程较为简单，只需要设置对应的配置项然后调用导出即可实现，图 4-15 所示为导出的部分代码：

```
1 reference | 0 changes | 0 authors, 0 changes
protected void ExportIFC(Document doc, string filename)
{
    // 创建 IFCExportOptions 实例, 及加载默认配置
    IFCExportOptions options = new IFCExportOptions();
    var config = IFCExportConfiguration.CreateDefaultConfiguration();

    // 设置IFC版本
    config.IFCVersion = IFCVersion.IFC2x3CV2;
    // 设置IFC文件类型
    config.IFCFileType = Autodesk.Revit.DB.IFC.IFCFileFormat.Ifc;
    // 导出基础数量
    config.ExportBaseQuantities = true;
    // 导出通用属性
    config.ExportIFCCommonPropertySets = true;
    config.ExportInternalRevitPropertySets = true;
    // 导出标高
    config.IncludeSiteElevation = true;
    config.ExportPartsAsBuildingElements = true;
    config.StoreIFCGUID = true;

    config.UpdateOptions(options, null);

    // 设置导出路径并导出到指定的IFC文件
    var folder = Path.GetDirectoryName(filename);
    var name = Path.GetFileNameWithoutExtension(filename) + ".ifc";
    doc.Export(Path.GetDirectoryName(filename), name, options);
}
```

图 4-15 代码一

在代码中，首先需要确定导出的版本及 MVD，在 API 中为 IFC2x3CV2，文件格式为纯文本的 IFC 文件；同时导出基准数量、通用属性集、Revit 参数集、站点标高；最后指定导出必须保存 IFC GUID。通过代码及插件的功能来代替复杂烦琐的设置项修改，同时也能绝对保证 IFC 与平台导出数据之间的关联性。

4.5.4 IFC 解析及几何模型数据的轻量化

当用户在系统平台的项目中上传数据时，如果上传了 IFC 文件，系统会通过后台触发事件的方式，调用外部处理程序对 IFC 进行解析和处理。

IFC 几何模型的轻量化处理与存储两者是同步进行的，目前

行业内有很多种可供直接使用的 3D 文件格式。除 glTF 之外全部是针对影视游戏行业的，有着复杂的数据存储方式。文本格式的一些文件例如 3ds、obj 等格式文件解析速度慢，占用空间大；而二进制的一些文件如 FBX（也有文本格式的版本）等由于有版权以及解析的复杂性过高的问题，均不适合用于 Web 端。glTF 作为目前 W3C 主推的一种 3D 文件格式，已经有很广泛的应用，并且在数据的自由度及渲染库的支持方面都已经有很成熟的应用。但课题组测试之后发现其解析的效率也不算高，甚至在某些方面过于复杂。因此必须使用自行研发的格式进行存储。

由于 IFC 的结构及层级化的特性，IFC 文件内可以含多个项目（IfcProject），但一般情况下，只会有一个项目。每个项目下可以有多个现场 (IfcSite)，每个现场下可有多个楼栋建筑 (IfcBuilding)。再向下的层级为标高及每层的图元、构件。这样的数据层级关系特别适合用递归的方式进行处理。在 Web 端重建场景时，需要重现完全相同的层级关系，还需要几何物体的顶点数据及索引数据。此外还需要解决 IFC 中的材质问题。因此每个 IFC 文件必须对应一个数据格式（图 4-16）：

```
struct Scene
{
    Node project;
    std::vector<Mesh> meshes;
    std::vector<Material> materials;
};
```

图 4-16　代码二

由于 IFC 内的物体数量可以达到几十万，为了降低转换程序的内存压力，采用更简单的 struct 来表示数据。在场景的 struct 中，用 Node 来表示 IFC 中的每个元素。

```
struct Node
{
    // ifc instance's p21line
    int_t instanceId;

    std::string name;
    std::string type;

    std::vector<Node> children;
};
```

图 4-17　代码三

在 Node 的数据结构中，默认有名称及类型两个数据（图 4-17），再加上所有的子层级的元素，使用这样的递归式层级结构来对应 IFC 中的层级结构关系。

在 IFC 的层级遍历完成之后，转换程序将完整的层级数据导出成 JSON 格式，在 C++ 中使用开源的 nlohmann: json 库导出，同时再将整个场景中所有的顶点数据及多边形顶点索引单独导出成为两个文件。

由于导出的场景结构为完整的 IFC 结构，结构数据又采用了纯文本的 JSON 格式存储，在访问时直接传输非压缩格式会增加网络数据传输的时间从而影响用户的体验；加上顶点数据及索引数据全部为二进制数据，数据的压缩空间非常大。

虽然目前众多的 HTTP 服务器软件都支持内容压缩，但如果访问人数、次数较多的时候，每次都对同一个文件进行压缩必然浪费服务器的计算能力，因此转换程序也使用 zlib 对生成的文件进行最大化的压缩。

通过这样的转换，本课题的转换程序最终实现了小于 2% 的轻量化率，100 MB 的 IFC 文件转换完成之后所有的数据不超过 2 MB。

4.5.5 Web 端模型解析及重建

当后端转换程序把 IFC 的几何数据处理完成之后，前端就可以读取数据并解析重构模型。本课题组在前端页面使用 angular 框架实现上述过程，angular 框架的一个核心组件是 RxJS, 通过使用响应式编程方式解决异步编程的麻烦。

IFC 转换程序生成四个文件，即一个带有层级的模型结构数据、一个场景元素描述文件、一个几何顶点数据和一个几何顶点索引文件。必须同时下载完四个文件后才能对模型进行解析和重建。但因为四个文件存储的数据类型不同，文件尺寸上的差别很大，并且加载的优先顺序也有先后，所以必须先下载完成场景描述与顶点数据的三个文件，之后再处理模型结构层级。在传统模式的 JavaScript 开发中，要将四个异步事件分为两组，利用

Promise 并成组之后再处理，在代码的可读性和可实现性上都较差，因此本课题组采用 RxJS 并行处理请求（图 4-18）：

```
private async loadGeometry(target: string, modelId: number, modelPhases: ModelPhase[], name?: string) {

  if (!target || !modelId) {...}

  let separator = '/';
  if (target.endsWith('/')) {...}
                                                                    //判断调用数据有效性
  const sceneUrl = target + separator + 'scene.bin';
  const structureUrl = target + separator + 'structure.bin';

  const scene$ = this.request(sceneUrl,  type: 'scene')
    .pipe(
      map( project: x => JSON.parse(inflate(x, {to: 'string'}))),
      switchMap( project: (x: GeometryScene) => this.loadScene(x, sceneUrl, structureUrl))
    );

  const nodes$ = this.request(structureUrl,  type: 'structure')
    .pipe(
      map( project: x => JSON.parse(inflate(x, {to: 'string'}))),
      map( project: x => x.project)
    );                                                              //加载场景数据

  const [group, project] = await forkJoin( sources: [scene$, nodes$]).toPromise();
  group.userData.phasesMap = {};
  group.userData.phases = modelPhases;
  group.name = project.name;
  project.id = `${project.id}:${modelId}`;                          //生成模型场景分组

  const addEntityMap = (entity: SceneNode, parentNode: THREE.Object3D, phases: any, lod: THREE.Group) => {...};

  addEntityMap(project,  parentNode: null, group.userData.phasesMap, group.userData.lod);
  this.idMeshMap = new Map<string, SceneObject>(this.idMeshMap);
  this.idEntitiesMap = new Map<string, THREE.Object3D>(this.idEntitiesMap);   //重建模型层级结构
}
```

图 4-18　代码四

在得到场景元素数据与顶点数据后，使用目前 JavaScript 中性能最好的 Pako 库进行 zlib 压缩的解压，之后通过解析场景元素及分段顶点数据、索引数据，重新生成每个元素的几何体（图 4-19）：

几何物体分为普通 Mesh 和 InstancedMesh，两种 Mesh 均使用 InterleavedBuffer 作为顶点 Buffer 以提高渲染的效率。

```
private async buildScene(vertexBufferBlob: ArrayBuffer, indexBufferBlob: ArrayBuffer, meshes: MeshGeometry[],
                         materials: any[],
                         scale = 0.001): Promise<THREE.Group> {
  const group = new THREE.Group();

  const groupData = group.userData as SceneUserData;
  group.add(groupData.lod = new THREE.Scene());
  group.add(groupData.mesh = new THREE.Scene());
  group.add(groupData.hidden = new THREE.Group());
                                                        //创建模型场景分组
  // 隐藏组永远是隐藏的
  groupData.hidden.visible = false;

  group.name = projectGroupName;
  group.frustumCulled = false;
  group.scale.set(scale, scale, scale);
  group.rotateX( angle: -Math.PI / 2);
  this.scene.add(group);
  this.scene.frustumCulled = false;
  group.matrixAutoUpdate = false;
  group.updateMatrix();
                                                        //模型分组添加到三维场景
  for (const item of meshes) {
    const geo = this.buildGeometryBuffer(vertexBufferBlob, indexBufferBlob, item.lod[0]);

    let mesh: THREE.Mesh;

    const lod = item.lod[0];
    let matOpaque: THREE.MeshLambertMaterial;
    let matTransparent: THREE.MeshLambertMaterial;
                                                        //创建元素Mesh数据
    if (item.instances.length === 1) {...} else {
      mesh = this.buildInstancedMesh(geo, item);
      matOpaque = this.instanceMaterial;
      matTransparent = this.instanceTransparentMaterial;
    }

    if (lod.opaque && lod.transparent) {...} else {
      mesh.material = lod.transparent ? matTransparent : matOpaque;
    }

    const meshData = mesh.userData as MeshUserData;
    meshData.id = item.instances;
    meshData.scene = group;
    mesh.matrixAutoUpdate = false;
    mesh.frustumCulled = false;
                                                        //根据元素定义指定Mesh材质
    if (item.instances.length === 1) {...} else {
      groupData.lod.add(mesh);
    }
  }
                                                        //将Mesh实体添加到模型场景分组
  this.boundingBox.expandByObject(group);
  this.zoomToScene( tween: false);

  return group;
}
                                                        //计算场景分组的BoundingBox
```

图 4-19 代码五

4.5.6 界面元素的实现

在 Web 端重建完成场景之后，就需要处理用户交互的界面。界面采用分块布局的方式实现，图 4-20 为完成后的界面。

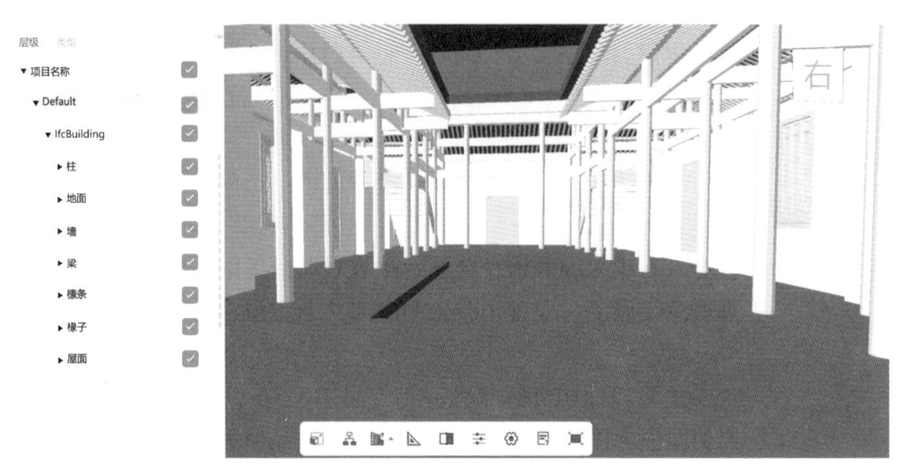

图 4-20　场景网页端界面

其中，左半部分采用可缩放的设计实现模型层级、类型的浏览、选择与操作；右半部分为设置、属性查询，分别为右上方与 Revit 相同操作的 ViewCube，以及右下方的工具栏。

工具栏的功能从左至右分别为：

（1）放大选择，放大所选择的元素，当没有任何选择时，放大至整个模型。

（2）场景结构查看面板，用于查看构件状态、模型层级关系、类型归组等信息。

（3）摄像机类型选择，选择视图呈现为轴侧还是透视。

（4）测量工具，实现模型的测量功能。

（5）剖切工具，实现任意截面的剖切功能。

（6）属性查看，对项目、构件等建筑信息及其参数进行查阅。

（7）设置，界面的部分设置功能，例如灯光、摄像机等。

（8）功能及操作说明。

（9）全屏切换。

1. 模型层级结构

在一个普通的 BIM 模型中，如果建模足够细致，很有可能在一个标高内创建数十万个模型元素。如果不使用任何处理，直接将这数十万个模型元素直接对应在浏览器中显示出来，会导致浏览器内核崩溃，因此必须要解决数量庞大的元素显示的问题。

得益于 HTML5 技术及现代浏览器技术的发展，目前成熟的技术有 Virtual DOM 和 Virtual Scroll。虽然两者名称相近，但只有 Virtual Scroll 能够解决此问题。而在 angular 的支持库中，PrimeNG 与 Kendo-UI 以及其他一些开源库中均有成熟的解决方案，但在深入了解每项子功能之后，本课题组发现只有 Kendo-UI 能够完全满足需要。Kendo-UI 的 treelist 可以实现树形节点的选择、与节点的 checkbox 状态分离，而要实现此功能必须区分是否选择了某个节点，选择后才能进行信息查询。checkbox 如被选中，则在视图中可见（图 4-21）。

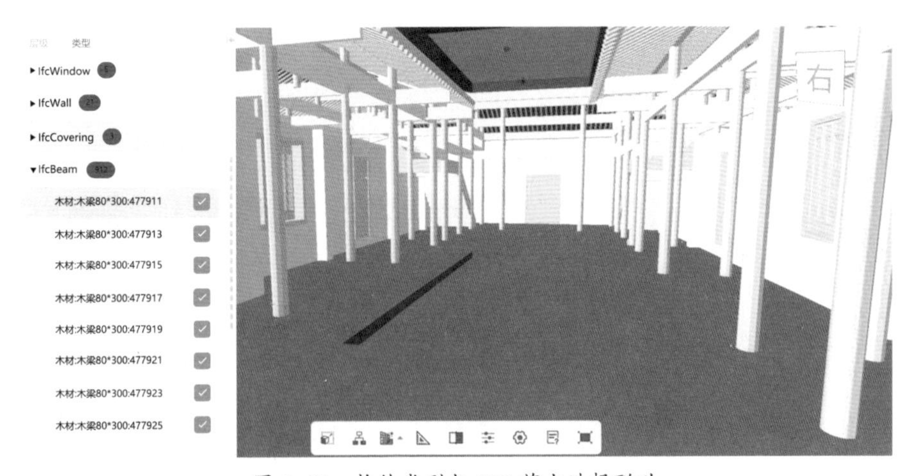

图 4-21　构件类型与 IFC 节点选择联动

2. 测量与剖切功能的实现

测量功能借助 RxJS 实现交互相对容易，最大的难点在于每个 IFC 文件的长度单位可能不一致。长度有厘米、英尺等多种单位。因此在三维空间获取相对单位后，需要根据模型的长度单位进行换算，统一转换成公制单位米，同时需要计算两点之间的高度差、角度与坡度数据（图 4–22）。

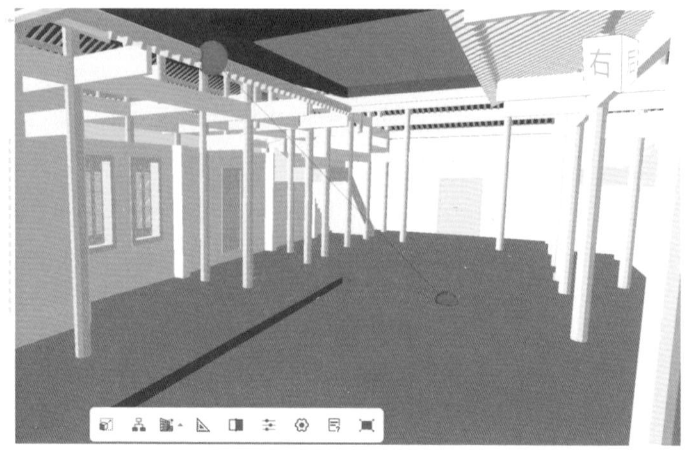

图 4–22　场景模型的实时测量功能示意

本平台还将部分常用的编辑查看功能内置，其中剖切工具支持 X、Y、Z 三个轴向的任意数量的剖切，操作人员可以根据需要设置若干剖切面，交互组合后实现既定的模型浏览和查看功能。如图 4–23 所示，在 X 轴向添加了两个方向相反的剖切面。

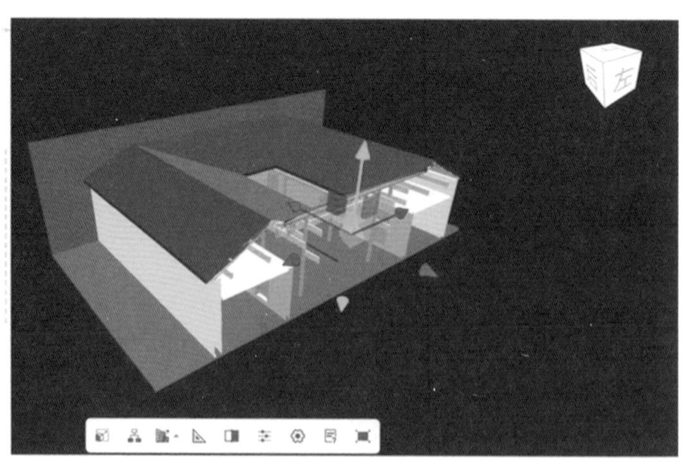

图 4–23　平台三维模型剖切功能演示

第五章
平台数据接口导则

平台数据接口的设计和实现必须考虑多种不同语言架构设计的各类子系统的访问，不仅需要考虑接口访问的效率，还需要考虑各子系统实现接口需要的难易程度。本课题组在进行平台设计时，经综合考虑后决定采用 JSON 格式进行接口调用及响应返回，利用 HTTP 协议实现接口。

平台的设计逻辑为，监测项目为某一固定地点的监测事项，一般以某个地域作为监测项目。监测项目由某一管理单位创建，同时将不同的监测设备的提供商及监测平台的服务商作为项目的参与单位，参与单位内的用户可由其单位的管理人员自行添加和管理。系统有相应的权限控制体系以区分不同参与单位的权限，此外还有分级的信息通知机制以实现实时预警消息的通知。

在监测项目下以监测功能或类型设置多个不同的监测点分组，监测点分组也可以位置进行分组，同时支持无限层级嵌套（实际中通常为一到两个层级）。通过第三方（如萤石或乐橙等）接入的视频监控必须为独立的分组，每个分组对应一个第三方接口。系统会以第三方提供的 API 数据进行分组内监控点位的管理。其他如水质、结构、环境等各类监测建议以区域独立分组。

除视频监控以外的监测分组下可创建不限数量的监测点位，平台也对不同类型的监测设备的数据类型进行了调研。检测数据类型可分为整数、布尔值（开关值）、浮点数、图片及字符串（各子系统的图片的 CDN 地址）。面对不同的监测设备，平台将其分为单测值、多测值与多点单测值三种类型。

（1）单测值的设备一次只能测出一种监测数值，如单一的温度传感器每次只能测量出一个数值即当时的温度。

（2）多测值的设备一次能测出多种类型的监测值，如复合大气传感器每次都能测量出温度、湿度、气压等数据，但同一时刻每种数据均只会有一个数值。

（3）多点单测值设备即施工监测中常见的桩体水平 / 垂直位移（部分省份的施工检测规程称其为测斜），其虽然只能检测位移一种数值,但每次测试都能输出固定间距下的多个点位的位移数据。

平台对于各测点的监测数据也有多种预警方式，不仅有普通的边界值预警，还有变化速率预警及综合预警等形式。平台已经实现了边界值及变化速率预警的数据实时计算及生成预警。综合预警需要各子系统单独通过数值计算的方式生成后推送到本系统平台。预警生成后的消警机制也有两种形式：自动消除预警，如火险气象预警，仅对当天或次日有效；手动消除预警，如房屋结构或水质等预警，必须通过采取其他措施才能够被消除。

平台对应的上述所有功能都实现了外部接口的访问，需要访问接口的系统通过平台内的监测数据接口管理功能创建访问令牌后即可进行 API 接口的访问。

（1）因为平台内参与单位可访问的监测项目是由平台管理单位创建并进行管理的，参与单位的平台能够访问的监测项目是受权限控制的，所以参与单位在平台访问监测项目须获取监测项目接口。

（2）参与单位或其他子系统的平台在获取到监测项目后，还须获取平台上创建的各监测分组及其下的监测点位，平台也提供了此接口用于获取此数据。

（3）由于单测值和多测值的设备与多点单测值的监测设备数据类型有区别，而多测值和多点单测值在数据结构上没有太大区别，所以平台也提供了上传监测数据多测值与上传监测数据单测值两个数据接口用于上传监测点位的监测数据。部分设置了自动预警的测点也会因为数据上传而自动触发预警与信息通知机制。

（4）考虑到部分平台及部分预警需要综合多个测点数据进行实时分析与计算，同时监测对象也会各有差别，此部分的预警须由各监测单位通过边缘计算或本地实时分析后向平台提交。通过上传测点预警信息与消除预警两个接口即可对预警、消警进行处理。

本章以下内容将对每个接口的请求及相应参数分别进行详细说明，同时也会给出 Java 的调用示例代码。

5.1 一般性说明

本导则用于“东南产村产镇减排增效技术综合示范平台”（简称平台）的数据接口调用、采集、响应与反馈等功能的实现。平台网址：https://rosp.chinavfx.net/impression。

导则由“通用要求”“获取监测项目”“获取所有监测点分组”“获取测点列表”“上传监测数据多测值”“上传监测数据单测值”“上传测点预警信息”和“消除预警”8 个部分组成，涵盖了平台使用运维过程中各种使用场景下对于数据交互的要求，每一部分均给出了调用代码、请求参数、示例代码、返回响应和响应示例。

十三五产村产镇课...

目录

通用要求
GET 获取监测项目
GET 获取所有监测点分组
GET 获取测点列表
POST 上传监测数据多测值
POST 上传监测数据单测值
POST 上传测点预警信息
POST 消除预警

通用要求

1. 参数运行通用要求

1. 有请求和响应的文本以及字符串均为utf-8编码格式，如存在不一致，请自行转码.
2. 所有响应数据均为json格式
3. 正式环境接口统一网址：https://rosp.chinavfx.net/

2. HTTP调用方式

所有接口需要在HTTP请求头中添加下列两个Header表示json方式提交和接受数据:

- Accept: application/json

所有接口需要在HTTP请求头中添加以下API Key值方式进行认证:

- Authorization: {GUID Token}

该值在平台企业管理->数据接入API添加后获取ApiToken，请确认该ApiToken在启用状态且接入服务勾选了对应权限.

3. HTTP响应

Http响应可能有多种状态码:

- 403 没有权限
- 404 资源获取异常
- 422 所提交的body中缺少参数或者不合法
- 413 上传的文件过大，请采用分段上传方式
- 419 调用次数过多 (每分钟60次)
- 422 提交数据不符合要求, 具体原因可查看响应内容
- 20x 响应成功
- 501 服务器维护中
  其中各种状态码都有对应的json响应, 调用时可选择记录响应内容, 也可按状态码直接判断错误类型.

1. 参数运行通用要求
2. HTTP调用方式
3. HTTP响应

图 5-1 导则在线网页版界面

限于篇幅，本书中无法将所有演示性代码一一列出，完整版请关注本导则所配属的在线网页版：https://www.apifox.cn/apidoc/shared-dc8cc5ec-f6b7-41e9-b50f-12b97ce20cc7/doc-576883（图 5-1）。本书中仅给出了 Java 语言的示例代码。考虑到平台为综合性平台，需要满足多源异构数据的集成整合目标，因此在线网页版提供了如图 5-2 所示的多达 15 种类型的示例代码，基本能

够涵盖平台运维过程中的数据交互需求。

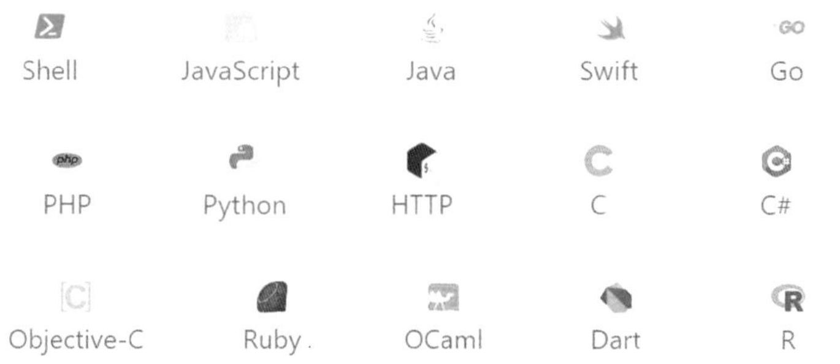

Shell JavaScript Java Swift Go

PHP Python HTTP C C#

Objective-C Ruby OCaml Dart R

图 5-2 在线网页版所提供的示例代码大全

5.2 通用要求

5.2.1 参数运行通用要求

需保证请求和响应的文本以及字符串均为 utf-8 编码格式，如存在不一致，请自行转码。

所有响应数据均为 JSON 格式；正式环境接口统一网址：https://rosp.chinavfx.net/。

5.2.2 HTTP 调用方式

所有接口需要在 HTTP 请求头中添加下列两个 Header 表示 JSON 方式提交和接收数据：

Accept: application/json

所有接口需要在 HTTP 请求头中添加以下 API Key 值方式进行认证：

Authorization: {GUID Token}

该值在平台企业管理 -> 数据接入 API 添加后获取 ApiToken，请确认该 ApiToken 在启用状态且接入服务勾选了对应权限。

5.2.3 HTTP 响应

HTTP 响应可能有多种状态码：

- 403 没有权限
- 404 资源获取异常
- 422 所提交的 body 中缺少参数或者不合法
- 413 上传的文件过大，请采用分段上传方式
- 419 调用次数过多 (每分钟达到 60 次)
- 422 提交数据不符合要求 , 具体原因可查看响应内容
- 20x 响应成功
- 501 服务器维护中

其中各种状态码都有对应的 json 响应，调用时可选择记录响应内容，也可按状态码直接判断错误类型。

5.3 获取监测项目

获取监测项目为获取当前 API 所在单位参与的监测项目；方法代码：api/external/sites。

5.3.1 请求参数

相关请求参数如表 5–1 所示。

表 5–1　获取监测项目请求参数的具体内容

参数名	位置	类型	是否必填	说明
Accept	Header	String	是	示例值：application/json

5.3.2 示例代码

伪代码接口调用示例：

```
Java
OkHttp
// 创建 HTTP 请求客户端
OkHttpClient client = new OkHttpClient().newBuilder().build();
MediaType mediaType = MediaType.parse("text/plain");

// 创建 HTTP 请求并设置相应的请求 ACTION,
// 同时添加 Accept 请求头
RequestBody body = RequestBody.create(mediaType, "");
Request request = new Request.Builder()
  .url("api/external/sites")
  .method("GET", body)
  .addHeader("Accept", "application/json")
  .build();

// 发送请求并同步获取响应
Response response = client.newCall(request).execute();
```

5.3.3 返回响应

“成功”的 HTTP 状态码为 200，内容格式为 JSON，返回 array[object] 及具体内容如表 5-2 所示。

表 5-2 获取监测项目返回响应成功情况下的值

参数名	类型	是否必填	说明
id	integer	是	监测项目 ID
name	string	是	监测项目名称
province	string	是	项目所在省
city	string	是	项目所在市
district	string	是	项目所在行政区
address	string or null	否	具体地址
position	array or null	否	项目所在地的经纬度，坐标系为“GCJ-02”
description	string or null	否	项目说明
category	string	是	项目类型

5.3.4 响应示例

成功示例：


```
[
 {
  "id": 1,
  "name": " 五夫镇传统民居 ",
  "province": " 福建省 ",
  "city": " 南平市 ",
  "district": " 武夷山市 ",
  "address": null,
  "position": [118.209628, 27.609404],
  "description": null,
  "category": " 传统民居 "
 },
 {
  "id": 2,
  "name": " 安吉孝丰镇绿地景观 ",
  "province": " 浙江省 ",
  "city": " 湖州市 ",
  "district": " 安吉县 ",
  "address": " 孝丰镇 ",
  "position": [119.680261,30.638803],
  "description": null,
  "category": " 绿地景观监测 "
 }
]
```

5.4 获取所有监测点分组

获取当前 API 所在单位参与的所有项目或指定项目的监测点分组；方法代码：api/external/monitor-groups。

5.4.1 请求参数

相关请求参数如表 5-3 所示。

表 5-3 获取所有监测点分组请求参数的具体内容

参数名	位置	类型	是否必填	说明
site_id	query	integer	否	示例值：1 按监测项目过滤
Accept	header	string	是	示例值： application/json

5.4.2 示例代码

伪代码接口调用示例：

Java

OkHttp

```
// 创建 HTTP 请求客户端
OkHttpClient client = new OkHttpClient().newBuilder().build();
MediaType mediaType = MediaType.parse("text/plain");

// 创建 HTTP 请求并设置相应的请求 ACTION,
// 同时添加 Accept 请求头
RequestBody body = RequestBody.create(mediaType, "");
Request request = new Request.Builder()
  .url("api/external/monitor-groups")
  .method("GET", body)
  .addHeader("Accept", "application/json")
  .build();

// 发送请求并同步获取响应
Response response = client.newCall(request).execute();
```

5.4.3 返回响应

"成功"的 HTTP 状态码为 200，内容格式为 JSON，返回 array[object] 及具体内容如表 5-4 所示。

表 5-4　获取所有监测点分组返回响应成功情况下的值

参数名	类型	是否必填	说明
id	integer	是	监测点分组 ID
site_id	integer	是	监测项目 ID
parent_ id	integer or null	否	监测点上级分组 ID
name	string	是	监测点名称
type	integer	是	监测点分组类型 枚举值（0: 一般监测; 1: 视频监测）
value_type	integer	是	分组内所有测点的测值类型 枚举值（0，1，2）

5.4.4 响应示例

全部监测分组：


```
[
 {
  "id": 1,
  "site_id": 1,
  "parent_id": null,
  "name": " 视频监控 ",
  "type": 0,
  "value_type": 0,
  "unit": null
 },
 {
  "id": 2,
  "site_id": 1,
  "parent_id": null,
```

```
    "name": " 环境监测 ",
    "type": 0,
    "value_type": 2,
    "unit": null
  },
  {
    "id": 3,
    "site_id": 1,
    "parent_id": null,
    "name": " 结构监测 ",
    "type": 0,
    "value_type": 0,
    "unit": null
  },
  {
    "id": 4,
    "site_id": 1,
    "parent_id": null,
    "name": " 能耗监测 ",
    "type": 0,
    "value_type": 2,
    "unit": null
  }
]
```

5.5 获取测点列表

获取指定项目及指定分组下的所有测点，或所有测点；方法代码：api/external/monitor-devices。

5.5.1 请求参数

相关请求参数如表 5-5 所示。

表 5-5　获取测点列表请求参数的具体内容

参数名	位置	类型	是否必填	说明
group_id	query	integer	否	示例值：2 查询的测点分组 ID
site_id	query	integer	否	监测项目 ID
Accept	header	string	是	示例值： application/json

5.5.2 示例代码

伪代码接口调用示例：

Java

OkHttp

```
// 创建 HTTP 请求客户端
OkHttpClient client = new OkHttpClient().newBuilder().build();
MediaType mediaType = MediaType.parse("text/plain");

// 创建 HTTP 请求并设置相应的请求 ACTION，
// 同时添加 Accept 请求头
RequestBody body = RequestBody.create(mediaType, "");
Request request = new Request.Builder()
  .url("api/external/monitor-devices")
  .method("GET", body)
  .addHeader("Accept", "application/json")
  .build();

// 发送请求并同步获取响应
Response response = client.newCall(request).execute();
```

5.5.3 返回响应

“成功”的 HTTP 状态码为 200，内容格式为 JSON，返回 array[object] 及具体内容如表 5-6 所示。

表 5-6 获取测点列表返回响应成功情况下的值

参数名	类型	是否必填	说明
id	integer	是	测点 ID
site_id	integer	是	测点所在项目 ID
group_id	integer	是	测点分组 ID
type	integer	是	测点类型
source_id	integer or null	是	测点原系统 ID
name	string	是	测点名称
value_type	integer	是	测点的测值类型 枚举值（0: 单测值类型; 1: 序列测值类型; 2: 多测值类型）
fields	array[object {2}]	是	多测值测点的监测数据与类型
fields->name	string	是	监测数据名称
fields->type	integer	是	监测数据的类型 枚举值（0: 数值型数据; 1: 图像类数据）
power_level	number or null	是	测点剩余电量值 [0，100]
signal_level	number or null	是	无线测点的信号强度值 [0，100]
last_value_at	string or null	是	测点的最后一个测值的时间 GMT+8
last_warning_at	string or null	是	测点的上次预警时间 GMT+8

5.5.4 响应示例

成功示例：

[
 {
  "id": 9,
  "site_id": 1,
  "group_id": 2,
  "type": 0,
  "source_id": null,
  "name": "21 号室外环境监测 -01",
  "value_type": 0,
  "fields": [
   {
    "low": null,

```
 "high": null,
 "name": " 温度 ",
 "type": 0
},
{
 "low": null,
 "high": null,
 "name": " 湿度 ",
 "type": 0
},
{
 "low": null,
 "high": null,
 "name": " 风速 ",
 "type": 0
},
{
 "low": null,
 "high": null,
 "name": " 风向 ",
 "type": 0
},
{
 "low": null,
 "high": null,
 "name": "TVOC",
 "type": 0
},
{
  "low": null,
 "high": null,
 "name": " 二氧化碳浓度 ",
 "type": 0
},
{
 "low": null,
```

```
      "high": null,
      "name": "光照度",
      "type": 0
    }
  ],
  "power_level": null,
  "signal_level": null,
  "last_value_at": null,
  "last_warning_at": null
},
{
  "id": 27,
  "site_id": 1,
  "group_id": 2,
  "type": 0,
  "source_id": null,
  "name": "社仓室外环境监测-02",
  "value_type": 0,
  "fields": [
    {
      "low": null,
      "high": null,
      "name": "温度",
      "type": 0
    },
    {
      "low": null,
      "high": null,
      "name": "湿度",
      "type": 0
    },
    {
      "low": null,
      "high": null,
      "name": "TVOC",
      "type": 0
```

```
        },
        {
          "low": null,
          "high": null,
          "name": " 二氧化碳浓度 ",
          "type": 0
        },
        {
          "low": null,
          "high": null,
          "name": " 光照度 ",
          "type": 0
        }
      ],
      "power_level": null,
      "signal_level": null,
      "last_value_at": null,
      "last_warning_at": null
    },
    {
      "id": 28,
      "site_id": 1,
      "group_id": 2,
      "type": 0,
      "source_id": null,
      "name": " 社仓风环境监测 ",
      "value_type": 0,
      "fields": [
        {
          "low": null,
          "high": null,
          "name": " 风速 ",
          "type": 0
        },
        {
          "low": null,
          "high": null,
```

```
      "name": " 风向 ",
      "type": 0
     }
    ],
    "power_level": null,
    "signal_level": null,
    "last_value_at": null,
    "last_warning_at": null
  }
]
```


5.6 上传监测数据多测值

方法代码：api/external/data-point。

系统会根据每个测点的测值类型进行上传数据验证，因此不论多测值还是单测值，均为同一API调用，在此仅做多测值的文档，系统平台会根据指定的 device_id 的值类型进行数据验证，此处假设 device_id=9 的测点为多测值测点。

在上传数据时，假设每个测点一次测出 A、B、C 三种数据，那么此文档将 A、B、C 三个测值称为一组数据。而上传数据接口允许一次上传一组数据，或一次上传多组数据。无论是单组数据还是多组数据，每组数据上传的内容均相同，每个组均为 { 测值名称 }: 值的 JSON 对象。

例如单组数据上传，values 为一个对象，此时 JSON Payload 应有如下形式：


```
{
  "site_id": 1,
  "device_id": 9,
  "values": {
    " 温度 ": 32,
    " 湿度 ": 32,
    " 风速 ": 32,
```

      " 风向 ": 32,
      "TVOC": 32,
      " 二氧化碳浓度 ": 32,
      " 光照度 ": 32,
      "timestamp": 1649163879,
    }
}

多组数据上传，每批最多 500 个数据，JSON Payload 示例如下：

{
  "site_id": 1,
  "device_id": 9,
  "multivalues": [
    {
      " 温度 ": 32,
      " 湿度 ": 32,
      " 风速 ": 32,
      " 风向 ": 32,
      "TVOC": 32,
      " 二氧化碳浓度 ": 32,
      " 光照度 ": 32,
      "timestamp": 1649163879
    },
    {
      " 温度 ": 32,
      " 湿度 ": 32,
      " 风速 ": 32,
      " 风向 ": 32,
      "TVOC": 32,
      " 二氧化碳浓度 ": 32,
      " 光照度 ": 32,
      "timestamp": 1649165879
    },
  ]
}

5.6.1 请求参数

相关请求参数如表 5-7 所示。

表 5-7 上传监测数据多测值请求参数的具体内容

参数名	位置	类型	是否必填	说明
Accept	header	string	是	示例值：application/json

5.6.2 Body 参数（application/json）

数据结构见表 5-8。

表 5-8 上传监测数据多测值 Body 参数的数据结构

参数名	类型	是否必填	说明
site_id	integer	是	监测项目 ID
device_id	integer	否	测点设备 ID，本系统 ID
device_source_id	integer	否	测点设备原 ID
timestamp	integer	否	测值时间戳，为 UTC 时间的 unix timestamp，不可带时区
values	object{1}	否	单组数据的测值，如果使用 values 上传单组数据，那么 timestamp 必须有
->{ 测值名称 }	integer	是	
multivalues	array[object{2}]	否	多组数据测值
->{ 测值名称 }	integer	否	
->timestamp	integer	否	对应测值的时间戳，UTC 时间的 unix timestamp

5.6.3 示例代码

伪代码接口调用示例：

Java

OkHttp

```
// 创建 HTTP 请求客户端
OkHttpClient client = new OkHttpClient().newBuilder().build();
MediaType mediaType = MediaType.parse("application/json");
```

```
// 创建 HTTP 请求并设置相应的请求 ACTION,
// 同时添加 Accept 请求头
RequestBody body = RequestBody.create(mediaType, "{"site_id": 1, "device_id": 9, "timestamp": 1649163879, "values": { " 温度 ": 32, " 湿度 ": 32, " 风速 ": 32, " 风向 ": 32, "TVOC": 32, " 二氧化碳浓度 ": 32, " 光照度 ": 32}}");
Request request = new Request.Builder()
  .url("api/external/data-point")
  .method("POST", body)
  .addHeader("Accept", "application/json")
  .addHeader("Content-Type", "application/json")
  .build();

// 发送请求并同步获取响应
Response response = client.newCall(request).execute();
```

5.6.4 返回响应

“成功”的 HTTP 状态码为 200，内容格式为 JSON，返回 array[object] 及具体内容如表 5-9 所示。

表 5-9　上传监测数据多测值返回响应成功情况下的值

参数名	类型	是否必填	说明
status	string	是	当前状态
count	integer	是	上传成功的测值数量

5.6.5 响应示例

成功示例：

```
{
  "status": "success",
  "count": 1
}
```

5.7 上传监测数据单测值

方法代码：api/external/data-point。

系统会根据每个测点的测值类型进行上传数据验证，因此不论多测值还是单测值，均为同一API调用，在此仅作单测值的文档。

当上传数据的测点为单测值时，请求的验证规则会有变化，因为单测值只有一个测值，因此上传数据时必须要对应修改如下：

单测值上传时，原先的 values 就是测值本身：

```
{
  "site_id": 1,
  "device_id": 29,
  "timestamp": 1649163879,
  "values": 54
}
```

多个测值上传时，只需要每个测值的时间和 value 值：

```
{
  "site_id": 1,
  "device_id": 29,
  "multivalues": [
    {"timestamp": 1649163879, "value": 54},
    {"timestamp": 1649166879, "value": 54}
  ]
}
```

多个数值上传时，每批最多 500 个数据。

5.7.1 请求参数

相关请求参数如表 5-10 所示。

表 5-10　上传监测数据单测值请求参数的具体内容

参数名	位置	类型	是否必填	说明
Accept	header	string	是	示例值：application/json

5.7.2 Body 参数（application/json）

数据结构见表 5–11。

表 5–11　上传监测数据单测值 Body 参数的数据结构

参数名	类型	是否必填	说明
site_id	integer	是	监测项目 ID
device_id	integer	否	测点设备 ID，本系统 ID
device_source_id	integer	否	测点设备原 ID
timestamp	integer	否	测值时间戳，为 UTC 时间的 unix timestamp，不可带时区
value	number	否	单组数据的测值，如果使用 values 上传单组数据，那么 timestamp 必须有
multivalues	array[object {2}]	否	多组数据测值
–>value	integer	是	
–>timestamp	integer	是	对应测值的时间戳，UTC 时间的 unix timestamp

5.7.3 示例代码

伪代码接口调用示例：

Java

OkHttp

```
// 创建 HTTP 请求客户端
OkHttpClient client = new OkHttpClient().newBuilder().build();
MediaType mediaType = MediaType.parse("application/json");

// 创建 HTTP 请求并设置相应的请求 ACTION,
// 同时添加 Accept 请求头
    RequestBody body = RequestBody.create(mediaType, "{ "site_id": 1,
"device_id": 29, "multivalues": [{"timestamp": 1649163879, "value": 54},
{"timestamp": 1649166879, "value": 54}]}");
    Request request = new Request.Builder()
      .url("api/external/data-point")
      .method("POST", body)
```

```
  .addHeader("Accept", "application/json")
  .addHeader("Content-Type", "application/json")
  .build();

// 发送请求并同步获取响应
Response response = client.newCall(request).execute();
```

5.7.4 返回响应

“成功”的 HTTP 状态码为 200，内容格式为 JSON，返回 object{2} 及具体内容如表 5-12 所示。

表 5-12 上传监测数据单测值返回响应成功情况下的值

参数名	类型	是否必填	说明
status	string	是	是否成功创建
count	integer	是	上传成功的测值数量

5.7.5 响应示例

成功示例：

```
{
  "status": "success",
  "count": 2
}
```

5.8 上传测点预警信息

方法代码：api/external/warnings。

5.8.1 请求参数

相关请求参数如表 5-13 所示。

表 5-13　上传测点预警信息请求参数的具体内容

参数名	位置	类型	是否必填	说明
Accept	header	string	是	示例值：application/json

5.8.2 Body 参数（application/json）

数据结构见表 5-14。

表 5-14　上传测点预警信息 Body 参数的数据结构

参数名	类型	是否必填	说明
subject	string	是	预警标题
content	string	否	预警详情说明
site_id	integer	是	预警监测项目 ID
device_id	integer	是	预警监测点 ID
device_source_id	string	否	
level	string	是	预警级别
severity	integer	是	严重级别，总共 5 个严重级别，数值 [0,4]，表示从最严重到最轻微
warn_at	string	是	预警发生时间
expire_at	string	否	预警消除时间

5.8.3 示例代码

伪代码接口调用示例：

Java

OkHttp

```
// 创建 HTTP 请求客户端
OkHttpClient client = new OkHttpClient().newBuilder().build();
MediaType mediaType = MediaType.parse("application/json");

// 创建 HTTP 请求并设置相应的请求 ACTION,
// 同时添加 Accept 请求头
RequestBody body = RequestBody.create(mediaType, "{ "subject": " 发生
```

```
了预警 xxx ", "site_id": 1, "device_id": 28, "level": " 极高风险 ", "severity": 0,
"warn_at": "2022-04-09 13:24:50" "expire_at": "2022-04-10 13:24:50"}");
        Request request = new Request.Builder()
          .url("api/external/warnings")
          .method("POST", body)
          .addHeader("Accept", "application/json")
          .addHeader("Content-Type", "application/json")
          .build();

        // 发送请求并同步获取响应
        Response response = client.newCall(request).execute();
```

5.8.4 返回响应

“成功”的 HTTP 状态码为 200，内容格式为 JSON，返回 object {2} 及具体内容如表 5-15 所示。

表 5-15　上传测点预警信息返回响应成功情况下的值

参数名	类型	是否必填	说明
status	string	是	是否成功创建
guid	string	是	预警编号，用于后续提前消警

5.8.5 响应示例

成功示例：

```
{
  "status": "success",
  "guid": "7c6208bc-05dc-4f56-a489-88a5382b19a4"
}
```

5.9 消除预警

方法代码：api/external/cancel-warning。

5.9.1 请求参数

相关请求参数如表 5-16 所示。

表 5-16　消除预警请求参数的具体内容

参数名	位置	类型	是否必填	说明
Accept	header	string	是	示例值：application/json

5.9.2 Body 参数（application/json）

数据结构见表 5-17。

表 5-17　消除预警 Body 参数的数据结构

参数名	类型	是否必填	说明
site_id	integer	是	消除预警所在的项目 ID
id	string	是	消除预警的事件 ID

5.9.3 示例代码

伪代码接口调用示例：

Java

OkHttp

```
// 创建 HTTP 请求客户端
OkHttpClient client = new OkHttpClient().newBuilder().build();
MediaType mediaType = MediaType.parse("application/json");

// 创建 HTTP 请求并设置相应的请求 ACTION,
// 同时添加 Accept 请求头
RequestBody body = RequestBody.create(mediaType, "{"site_id": 1, "id":
```

```
"d8fc804a-1f86-4d7d-97bb-7b59b91e3d7f"}");
    Request request = new Request.Builder()
      .url("api/external/cancel-warning")
      .method("POST", body)
      .addHeader("Accept", "application/json")
      .addHeader("Content-Type", "application/json")
      .build();

    // 发送请求并同步获取响应
    Response response = client.newCall(request).execute();
```

5.9.4 响应示例

成功示例：

```
{
  "status": "success"
}
```

第六章
传统民居智慧运维案例

6.1 福建省南平市五夫镇

6.1.1 闽北地区古村落

闽北地区，主要指福建省南平市，位于浙闽赣三省交会处，属山地丘陵地形，整体呈群山环抱的盆地状。按建筑气候分区，闽北属于夏热冬冷地区，四季变化显著。整体而言，闽北古村落受朱子理学天人合一思想的影响，风貌布局与自然融为一体，建筑装饰自然朴素，在选址时多契合风水观念，大多沿河而居，街巷沟渠尺度宜人[72]，村落空间层次分明，背山靠水，负阴抱阳。不仅如此，闽北古村落空间多呈家族式聚居模式，且分布着大宫小庙、牌坊家祠等宗教建筑，反映出闽北特有的宗族礼制与信仰文化。作为福建古村落形成最早、保存最为完整的地区，闽北村落有着其独特的地域历史文化及丰富的艺术价值，先后有 9 个村镇被评为重点历史文化名村名镇[73]。

6.1.2 五夫古镇

五夫镇位于南平市武夷山市东南部。整个村镇处于盆地中间，依山傍水的地理位置迎合了古代村落建设的核心思想。五夫镇的历史可以追溯到晋代中期，具有丰富的历史遗存，于 2010 年被评为第五批国家级历史文化名镇，2022 年被评为中国美丽休闲乡村，是闽北古村落的主要代表之一。五夫古镇距离著名的武夷山风景区仅 45 km，环境优越，物产丰富，其景点万亩荷塘在当地久负盛名。不仅如此，作为朱子理学的发源地，五夫镇拥有丰富多样的地域文化，包括武夷茶道文化及闽北非物质文化遗产龙鱼戏等。深厚的历史文化底蕴与极富特色的地域环境使五夫古镇成为闽北旅游文化产业的重要基地及乡村振兴战略的示范村镇。

72　杨春森 . 武夷山古村落空间形态研究 [D]. 泉州：华侨大学，2018.

73　柯培雄 . 闽北名镇名村 [M]. 福州：福建人民出版社，2013.

6.1.3 风貌布局

整个五夫古镇自北向南由兴贤村、五一村与五夫村三个村组成，西邻五夫溪，毗邻京台高速，交通相对便利。古镇空间格局由一条南北走向的“兴贤古街”串联而成，而后沿几条主要巷道向东西两侧扩展成村。古街宽 2.5—3 m，上有 6 个坊门为空间连接点，将古街分为 7 段。两侧建筑高度在 5—6 m 之间，沿街面以硬山居多，山墙随坡屋顶层层跌落。除了诸如兴贤书院、朱子社仓、刘氏家祠等点式文物保护公共建筑外，两侧民居大多建造于 20 世纪上半叶，并于七八十年代进行了加固修缮。作为福建农业生态旅游重点基地，加之古街过去的商业性质，民居主要由商住两用与纯民用建筑两类组成，且大多对游客开放。图 6-1 是通过无人机倾斜摄影采集的五夫镇兴贤村的宏观模型数据，不难看出，整个村落民居主要呈四水归堂式，以三进制、四进制居多。整体分布密度较大，但村落环境风貌保存相对完好。

图 6-1　五夫镇兴贤村倾斜摄影照片

6.1.4 示范民居

基于国家重点研发项目“村镇运维信息动态监测与管理关键技术研究”的资助，笔者所在研究团队得以实现对五夫镇部分民居进行智慧运维示范。对于案例民居的筛选有三条原则：首先要满足国家重点研发计划示范要求，选择标准典型的闽北传统民居形式；其次民居保存须大体完好，在确保有村民正常生活其中的前提下，能维持一年以上的正常运行；最后就是所有居民须支持配合调研采集工作。基于这三条原则，团队对兴贤古街两侧的民居进行了筛查，初步确定了兴贤村的 21 号、27 号、47 号、53 号与朱子社仓为五个试点。随着项目的推进，47 号民居进行了后期改；27 号由于保存现状太差，不具有居住条件；而 53 号已被改造为当地景点民俗博物馆，主要面向游客开放，鲜有人居住。本书着重对最为典型的民居 21 号进行介绍。

团队首先通过三维激光扫描结合倾斜摄影，完成示范民居的细节尺度测绘及数字模型的搭建。从平面图（图 6–2）可以看出，该民居基本符合闽北传统民居的特点，民居以抬梁式木结构为主，受朱子“天人合一”思想的影响，建筑形式为合院串联形制，核心合院呈以天井为中心、厅堂与两侧厢房围护而成的三合院形式，屋顶以坡屋顶为主，整体呈中轴对称形式以映衬封建社会等级制度。受“藏风聚气”习俗影响，民居大门多开于侧边，天井除了兼顾采光、通风，还有集水聚财的作用。在建筑材料方面，传统民居多就地取材，采用杉木、夯土、鹅卵石、青石等居多，色彩呈白墙黑瓦青砖等暗色，内部装饰则质朴内敛，以少量简洁的木雕石刻为主，极具闽北传统民居独特的地方韵味。整个民居只有一层，沿东西方向呈五进串联式。首进玄关，第二进为前厅，进深略浅，考虑到游客休憩的需要，在堂屋里布置了休憩聊天的座椅，极富闽北特色的三雕（砖雕、木雕、石雕）技艺在此间展现得淋漓尽致（图 6–3）。第三进则比较规整，呈两侧厢房卧室与堂屋围合而成的三合院。有趣的是，为了获得更好的采光，方便居民晾晒衣服，这间民居的第四进的天井沿东西方向进行了延长来替换原有的堂屋空间（图 6–4），整体尺度不太规整，与第三进形成了鲜明的对比。第五进主要是生活功能空间，包括共享的厨房空间以及储存、就餐空间等。

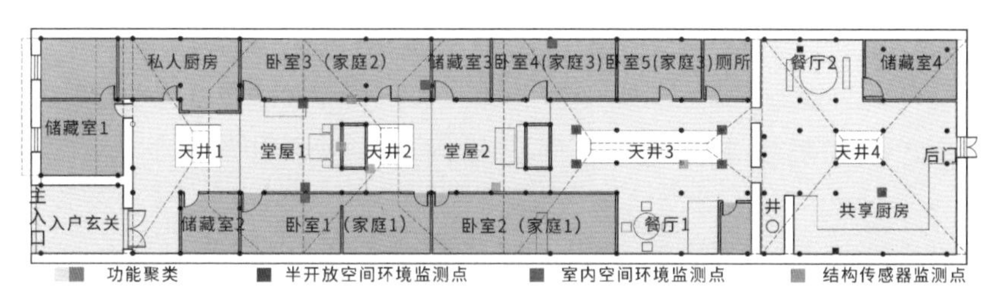

图 6-2　兴贤村 21 号传统民居平面图

图 6-3　民居第二进堂屋

图 6-4　民居第四进天井

6.2 信息模型平台呈现

6.2.1 任务要求

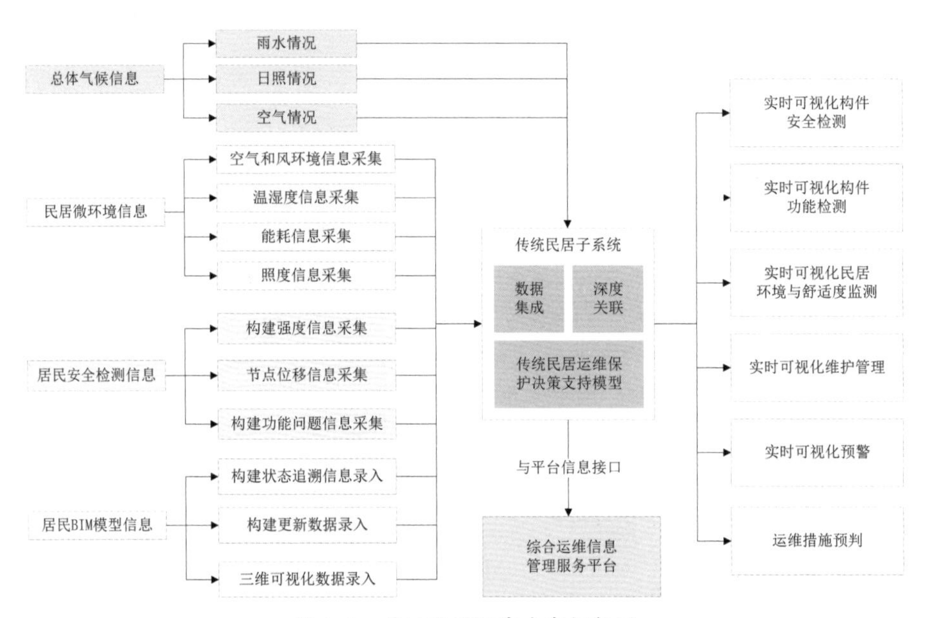

图 6–5　传统民居研究内容框架图

本案例以福建省南平市五夫镇为示范点，针对当下产村产镇传统民居运维管理信息化水平较落后、管理效率低、数字化程度低等问题，将传统运维模式与物联网和建筑信息模型技术相结合，开发了一套数字化的乡村民居运维管理信息模型平台，从而提高传统民居动态监测和管理效率，并整合关键技术与平台应用体系，完成示范。

如图 6–5 所示，根据传统民居保护运维的应用场景，本案例对室外气象、传统民居环境、建筑构件等多个方面进行实时数据采集与分析，并建立运维管理决策辅助模型。室外气象主要监测内容包括村镇雨量、日照、空气品质以及各种物理环境组织的总体气候信息。民居室内微环境监测指对热工环境、空气质量、能耗等进行监测，包括对温湿度、风环境、采光量、二氧化碳含量等民居微气候数据的采集。建筑构件方面则是针对民居的安全性

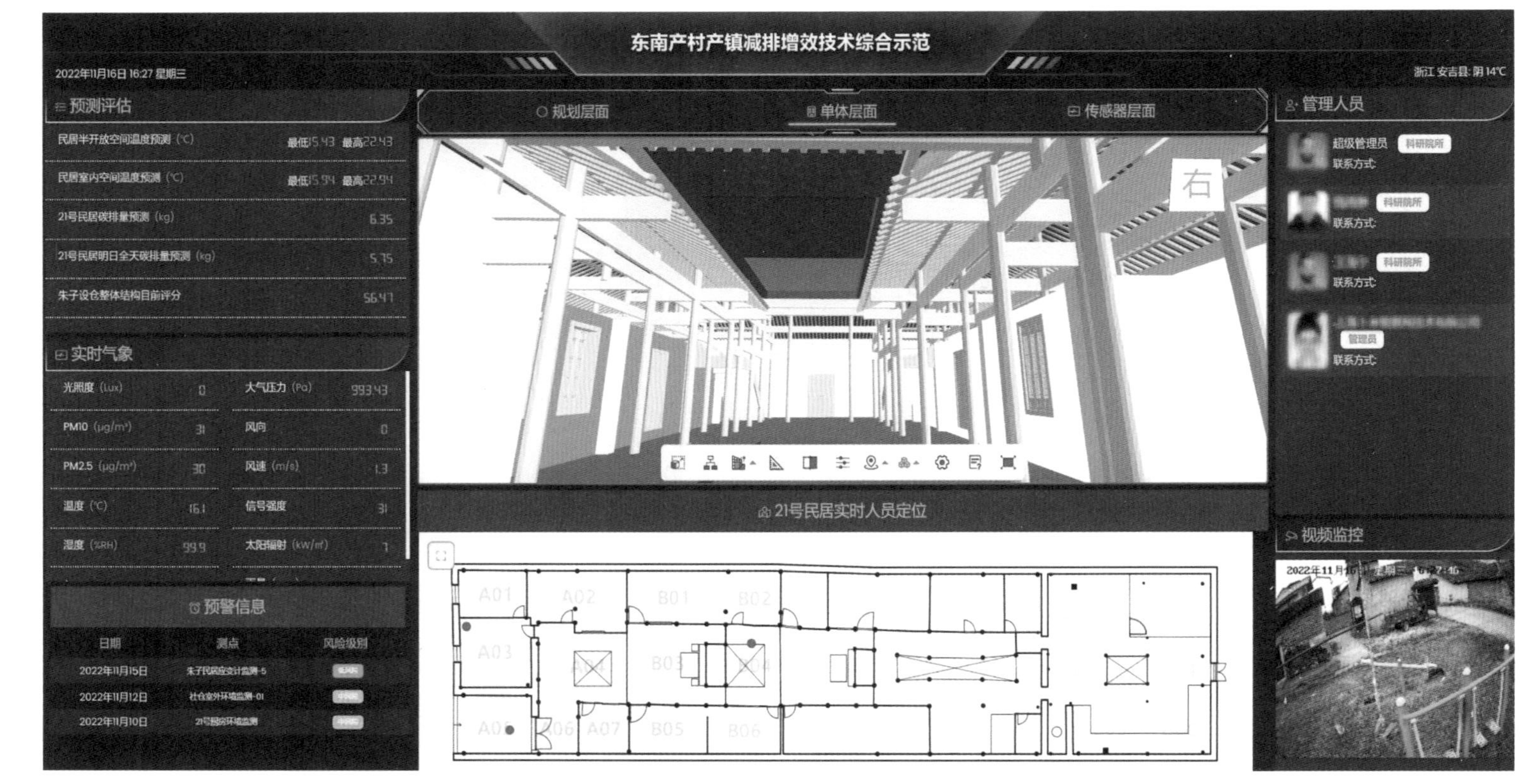

图 6-6 传统民居智慧运维 CIM 平台

和功能性进行监测，包括构件强度、节点位移、设备功能、构件实时状态等。继而对这些多维信息进行处理，将动态时序数据与包含民居构件维护更替信息的 BIM 静态信息耦合，建立决策支持平台，在对民居功能与安全、舒适度进行监测的同时建立预测预警算法，为民居的运维管理与保护提供量化支撑与决策指引；开发独立系统平台，对数据的权限共享进行设计（图 6-6）。除此以外，还要将传统民居平台与村镇污水农肥、绿地景观、基础设施等子系统平台进行集成，形成村镇全面系统的运维管理整合。

基于前述技术路线与关键技术，团队基于 CIM 技术完成了五夫镇兴贤村 21 号传统民居的智慧运维平台搭建任务（图 6-7）。整个平台由七个模块组成：中间核心模块（模块 1）包括三个层面（规划层面、单体层面、传感器层面）；中下方模块（模块 2）为人员定位监测模块；左侧三个模块为文字类信息陈述模块，即预测评估模块（模块 3）、实时气象模块（模块 4）与预警信息模块（模块 5）；右侧两个模块为图片类辅助模块，包括管理人员信息模块（模块 6）与视频监控模块（模块 7）。

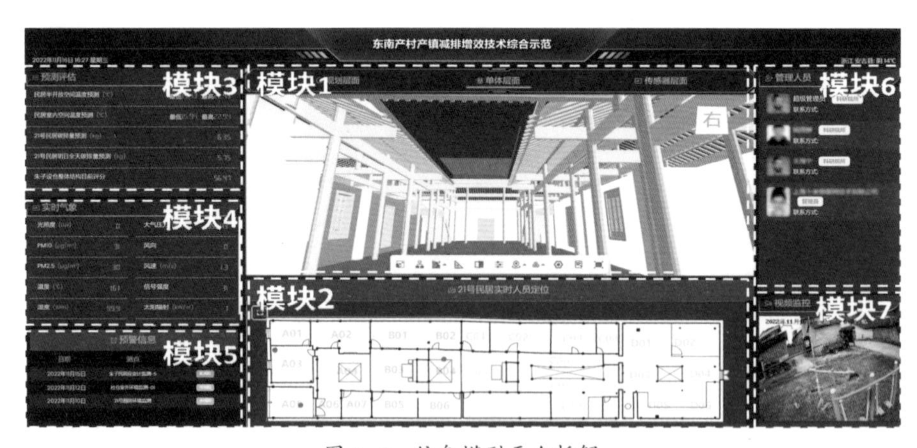

图 6-7　信息模型平台拆解

6.2.2 核心模块（模块 1）

核心模块从宏观到微观共分为三个层面，分别为宏观规划层面、中观单体层面以及微观传感器层面。

（1）规划层面

模块功能：规划层面主要用于呈现示范点南平市五夫镇的整体风貌（图6-8），明确主要示范点以及室外气象站等运维重要信息的位置及相互空间关系，方便管理者直观地从三维视角捕捉宏观模型信息（图6-9）。

搭建方法：在对五夫镇示范民居的区位及周边基本信息进行初步定位与评估后，运用倾斜摄影技术对规划层面的宏观数据进行采集。通过同一飞行平台上搭载的多台传感器，在设计好的航线上，从垂直、倾斜等不同角度采集影像，获得目标模型完整准确的信息。本案例采用旋翼无人机进行数据采集，并通过空中三角测量（Aerial Triangulation）对点云进行加密，从而生成高精度的数字表面模型（DSM），基于ContextCapture Viewer实现三维数字模型的快速查看并在平台后台置入。

图6-8　核心模块规划层面

（2）单体层面

模块功能：作为传统民居运维管理与服务系统平台主要组成部分，单体层面能够实现WEB端基于BIM对传统民居模型的三维可视化呈现，从而根据管理者需求对民居完成构件属性信息查

图 6-9　五夫镇倾斜摄影模型

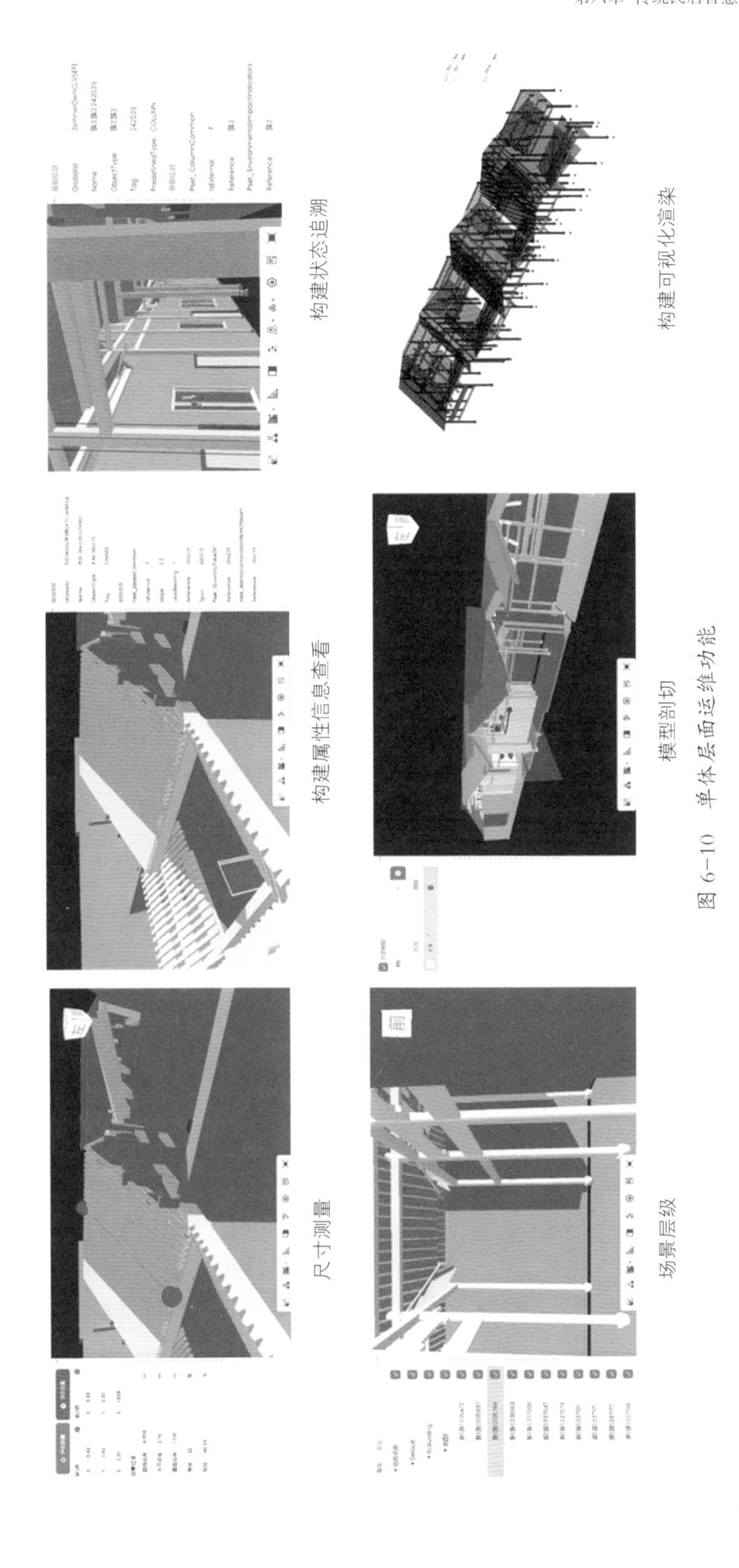

图 6-10 单体层面运维功能

看、尺寸测量以及构件状态追溯等管理信息在线审查管理等研究任务（图6–10）。

搭建方法：在单体测绘方面，本案例使用天宝产品Trimble X7三维激光扫描仪器对示范点民居模型数据进行采集。在经过充分的场地踏勘及照片采集后，首先根据民居的平面构造及空间大小、复杂程度进行站点布设（布置及设计），在进行分站测量扫描的同时确保相邻扫描点之间具有足够的重叠度。根据三点确定一个平面的原则进行标靶扫描，生成点云模型。运用Trimble RealWorks软件对原始数据进行提取，不仅可以与设计端广泛应用的设计软件Trimble SketchUp实现联动，亦可导入Geomagic Studio等软件进行点云数据处理，在实现快速三维逆向建模的同时，在BIM平台上同步赋予模型材质信息（图6–11）。

完成Revit BIM模型搭建后，在平台呈现方面，采用第4章已经详细介绍的BIM模型三维轻量化呈现方法，基于通用IFC标准格式为BIM模型提供统一API接口，充分利用WebGL2等相关技术，实现高性能BIM几何信息轻量三维可视化呈现、WEB端访问与模型多功能管理。

三维激光扫描仪

点云模型

同步实体模型

图6–11　BIM模型搭建方法

（3）传感器层面

模块功能：传感器层面是运维信息动态监测时序数据的直接

呈现。本案例采用分布式存储的方法分别记录了环境传感器、室外气象站以及结构类传感器的海量时序数据以及传感器 ID、监测指标等静态数据（图 6–12）。传感器层面是综合管理平台预测预警的数据基础，通过数据库的形式为管理者提供运维信息。

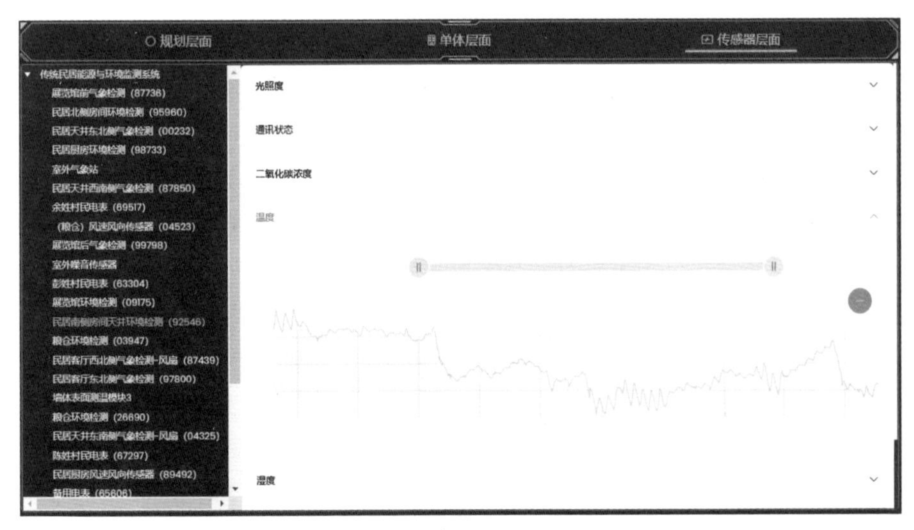

图 6–12　传感器层面模块呈现

搭建方法：团队分别对示范点总体气候环境及示范民居的结构与室内微环境进行了超过两年的动态监测。基于云计算技术对结构与环境数据进行云平台传输后，运用非关系型数据库 InfluxDB、Redis 及关系型数据库 MySQL 对海量时序数据及其相关静态信息进行存储，在示范点兴贤村 21 号民居与朱子社仓内共计安装 13 个集成性环境传感器与 25 个各类结构传感器。在结构方面，运用应变计、加速度传感器、裂缝计、沉降传感器、位移传感器等多指标监测仪器，对传统民居结构强度及节点位移信息进行动态监测（图 6–13）。在环境监测运维方面，除了在村口架设集成室外气象站对雨水、日照、空气质量以及多种物理环境进行集成监测外，在室内安装温湿度、照度、TVOC、CO_2、风速风向等传感器对民居微环境进行监测（图 6–14），各类采集数据信息及传感器类型见表 6–1。

图 6-13　结构传感器布设

图 6-14　环境传感器布设

表 6–1 案例民居智慧运维动态监测指标及获取方式

数据类型	监测内容	获取方式
模型数据	民居定位	倾斜摄影 /GPS
模型数据	民居详细尺度	激光扫描 / 航测技术
环境数据	周边水环境	倾斜摄影 / 遥感
环境数据	绿地健康	遥感 / 显微成像
环境数据	游客容量	LBS 定位
环境数据	古树名木监测	GIS/ 红外探测
环境数据	整体气象	气象站
微环境数据	温湿度	温湿度传感器
微环境数据	通风	风速、风向传感器
微环境数据	能耗	电表检测
微环境数据	照度	照度传感器
微环境数据	空气质量	$PM_{2.5}$ / TVOC
微环境数据	碳排量	二氧化碳传感器
结构数据	房屋节点位移	裂缝 / 位移 / 沉降 / 倾角传感器
结构数据	结构强度	应变计 / 加速度传感器
静态数据	使用者信息	BIM 技术采储
静态数据	房屋拓扑信息	BIM 技术采储
静态数据	设备信息	BIM 技术采储
静态数据	传感器布点	BIM 技术采储

在传感器安装方面，为了减少对传统民居的干预，保护其具有重要历史遗产价值的结构，团队对多种环境传感器做了高度集成，并用铁箱进行整装，规避了潜在的火灾风险。所有环境类传感器全部布置在水平高度 1.8 m 处，一方面，能够减少人行为对实测数据的干扰，保证监测数据的准确性，另一方面，相同的水平高度能够避免因为高度不一而在实测数据对比时产生干扰。除此之外，铁箱固定方式均采用抱箍、胶带的方式，这样既能减少破坏，避免打孔，又方便拆卸，提高效率。在结构传感器安装方面，本案例基于实测模型，运用 ANSYS 19.0 软件对民居结构进行有

限元模拟，挖掘结构薄弱点，然后根据需求进行针对性的传感器监测（图 6–15）。

在数据呈现方面，采用本书第 5 章已经详细介绍的多源时序数据平台调用及接口方法，所有响应数据均为 JSON 格式，通过 rosp 平台网口为数据提供接口，实现海量数据的平台呈现。

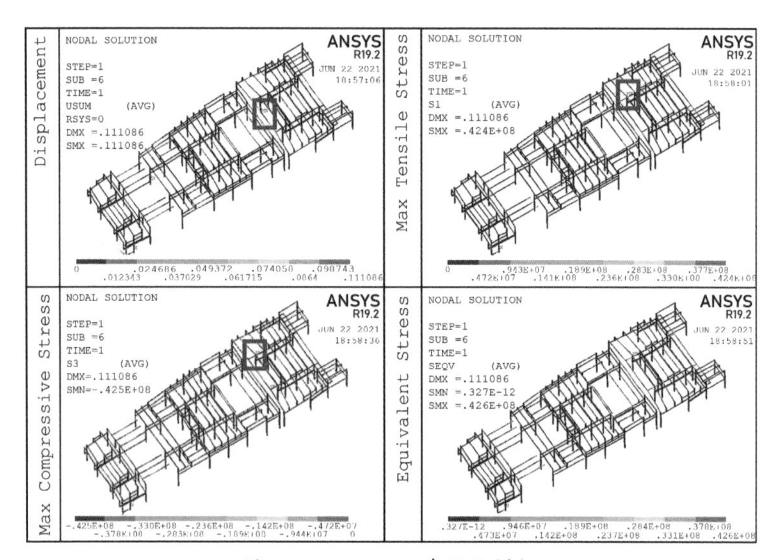

图 6–15　ANSYS 有限元模拟

6.2.3 人员定位监测模块（模块 2）

模块功能：针对传统民居多户共享、组成人员各异的特性，空间使用率明显存在“部分时间，部分空间”的现象，通过对使用者人员位置进行动态监测为碳排放量核算及舒适度评估等运维与预测提供信息支撑。

搭建方法：相较于复杂多变的公共建筑室内环境，传统民居室内信号干扰相对较少，但无法保证 Wi–Fi 信号的完全覆盖。针对这种情况，基于低能耗蓝牙（Bluetooth Low Energy，BLE），通过在传统民居不同空间布设蓝牙信标进行人员定位，是最经济可行的方法。随着智能手机的普及，通过手机采集蓝牙信号，并结合手机内置的加速度计进行步伐检测和计步，结合陀螺仪和磁力计进行方向估计，基于传播模型的定位方法，根据信号强度和传播距离的模型关系，将信号强度转为距离信息，估计待定位终端和蓝牙 AP（Access Point，无线接入点）的距离，根据集合关系即可计算得到行人的具体位置，实现居民位置时空监测（图 6-16）。

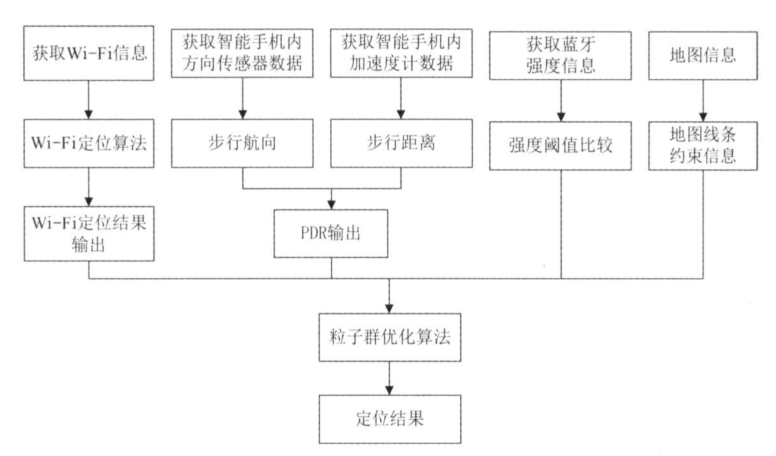

图 6-16 基于 BLE 的传统民居室内人员定位技术路线图

具体来说，首先基于聚类分析将兴贤村 21 号民居划分成 26 个民居空间，在各空间内安装了一个蓝牙信标（图 6-17），接着运用行人航迹推算（Pedestrian Dead Reckoning，PDR）算法对行人实际室内运动建立三维运动模型。为了提高定位的精确性，本案例设计了粒子滤波（Particle Filtering, PF）[74]，并且融入室内平面地图和 PDR 信息，提出了一种基于 PF 的 PDR 定位算法 [75]，能够有效定位 21 号传统民居使用者的位置，并实现信号的即时回传，实现人员的空间实时定位图形化呈现 [76]（图 6-18）。

74 JUNOH S A, SUBEDI, S, PYUN J Y. Floor map-aware particle filtering based indoor navigation system[J]. IEEE access, 2021, 9: 114179-114191.

75 钟亚洲，吴飞，任师涛 . 基于粒子滤波的 PDR 定位算法 [J]. 传感器与微系统，2018，37(8): 147-149.

76 LI X, WEI D, LAI Q, et al. Smartphone-based integrated PDR/GPS /Bluetooth pedestrian location[J]. Advances in space research, 2017, 59(3): 877-887.

图 6-17　蓝牙信标安装与调试

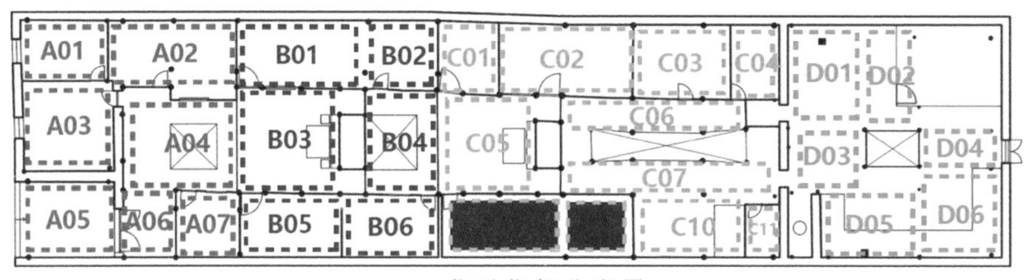

21号民居实时人员定位

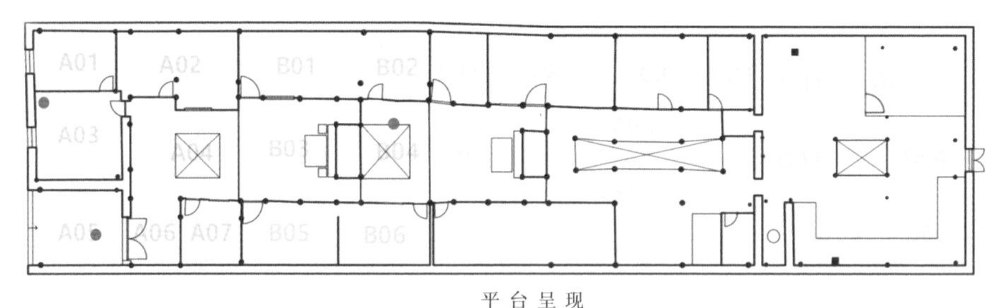

图 6-18　人员定位分区与呈现

6.2.4 预测评估模块（模块 3）

模块功能：预测评估模块作为该平台的核心模块，能够直接帮助管理者了解民居使用情况，并根据评分进行相应的决策。通过对所有指标的统筹分析，团队深入分析了交叉预测的可能性以及国家发展政策，最终选择了从热舒适性、碳排放量预测与结构评分三个方向构建预测评估算法模型，进行低碳与安全方面的预测预警。根据实时监测数据对民居状态进行动态预测，主要包括民居的半开放空间与室内空间的舒适温度区间预测、实时碳排放量预测、21号民居碳排放量预测、21号民居明日全天碳排放量预测以及朱子社仓的结构评估评分。

搭建方法：本书6.3节对各指标的预测算法进行了详细的介绍。

6.2.5 实时气象模块（模块4）

模块功能：对五夫镇室外气象环境进行实时监测。室外气象对整个传统民居的多个运维导向评估都起着重要作用，所以为其建立了单独的模块，对实时数据进行全面的呈现。

搭建方法：在五夫镇兴贤村东侧的入口空地安装了室外微型气象站（图6–19），分别就光照度、大气压力、PM_{10}、$PM_{2.5}$、风向、风速、温度、湿度、太阳辐射、雨量进行了实时监测，并接入运维平台。

图6–19 室外微型气象站

6.2.6 预警信息模块（模块 5）

模块功能：作为传统民居运维管理与服务系统平台重要的功能之一，预警模块主要基于预测评估模块开发，对操作温度、碳排放以及结构构件等参数设立相应的舒适或安全阈值，若实测数据超过阈值区间，即会报警并提示管理者进行消警处理，以确保传统民居各项指标不超限，有效规避人员中暑、用能负载过大导致的跳闸断电、构件损伤脱落等潜在风险，从而保障传统民居的安全性与舒适性。

搭建方法：预警模块主要基于预测评估模块开发，对预测参数设立相应的阈值。若预测指标值超过阈值，则相应的监测点位或预测内容即会呈现在预警信息模块。例如，当某物理环境传感器监测实时空间操作温度高于预测的可接受温度区间即发出预警信号，该物理环境传感器的 ID 便会呈现在预警信息栏。

在报警层级方面，根据阈值范围，设为低风险、中风险与高风险三个层级。短期的低风险可不予操作，平台设置了 48 小时后即可自动消警。对于长期的低风险预警与中风险预警，平台会自动发送短信给管理人员，需管理人员在确认问题处理妥善后予以手动消警。高风险预警除了会发送短信给多位管理人员外，为了避免此类情况的再次发生，还会督促管理者对相关情况进行彻底清除。该类报警不会清除，将在平台上进行长期存储，为后期的优化改造提供数据参考。

6.2.7 管理人员信息模块（模块 6）

模块功能：呈现村镇政府、平台管理方以及终端设备厂家维护等多方面人员信息，方便管理者高效解决运维过程中出现的问题。

搭建方法：位于平台右边的模块为辅助功能模块，其中模块 6 直接记录了与平台搭建及运行相关的重要人员信息与联系方式；为了确保动态监测数据的准确性及稳定性，该平台还录入了负责传感器质量运维的厂家信息。

6.2.8 视频监控模块（模块 7）

模块功能：视频监控模块的主要功能是确保设备的安全性。对于室外气象站以及集成物理传感器等昂贵设备，视频监控能够起到警示作用，是智慧运维平台不可缺少的一部分。除此之外，位于村口入口处的监控设备的安装，也是安全市政基础设施建设的一部分。它能够捕捉进入村子的人员信息，辅助村镇管理。

搭建方法：在集成气象站以及环境传感器支架上安装摄像头，并通过个人账号直接链接到 PHP（Page Hypertext Preprocessor，页面超文本预处理器）后台，实现平台端呈现。

6.3 操作环节与运用

团队深入分析传统民居运维重心与难点，紧扣国家政策与乡村振兴民居优化更新的挑战，以传统民居微环境与结构监测数据为基础，运用 CIM 智慧运维平台，分别对民居人居环境与结构安全进行现状评估与预测预警。值得一提的是，对于人居环境的评估预测，需要注意健康舒适与绿色低碳导向的差异，运用不同理论方法对民居的评估结果是不一样的。对评估结果共性与差异性的对比分析，更加有助于决策者权衡利弊，对民居更新与保护提供了理论与量化支撑。

6.3.1 人居环境舒适度评估

对于人居环境舒适度的评估方法较多，在人体代谢、运动等个人因素维持稳定的情况下，区域人体舒适度主要受环境因素影响，包括空气温度、相对湿度、风速等。人体舒适度指数（Comfort Index of Human Body，以下简称 CIHB）是一种高效快捷的人居环境舒适度评估方法，能够基于空气温度、湿度与风速快速直观地反映室内居民的体感舒适度。基于本案例传统民居的监测方式及后台数据的处理逻辑，可以运用 CIM 平台快速直观地计算并呈现案例民居的室内环境，其数值计算方法如式（6–1）所示。

$$CIHB=1.8\times AT+0.55\times(1-RH)+32-3.2\times\sqrt{WS} \qquad (6\text{–}1)$$ [77]

式中，*AT* 为空气温度（℃）；*RH* 为相对湿度（%）；*WS* 为风速（m/s）。

CIHB 是由中国学者以温湿度指标（Temperature – Humidity Index,THI）为原型，从生物气象学角度出发，综合加权考虑气温、湿度及风速三个主要气象要素对环境舒适度的影响，结合中国人体质特性而制定的评估指数。其等级划分按照中国气象局统一规定的九级分类标准（表 6–2），等级绝对值越大则人体舒适度越差，等级绝对值越小则人居环境越优。目前这种评估方法已经得到广泛的应用，指标合理性得到了验证[78]。

表 6–2　人体舒适度指数等级划分

CIHB	等级	感觉程度
>85	Level 4	很热
81—85	Level 3	炎热
76—80	Level 2	热
71—75	Level 1	偏热
61—70	Level 0	舒适
51—60	Level –1	偏凉
41—50	Level –2	凉
20—40	Level –3	寒冷
<20	Level –4	很冷

本案例选取五夫镇兴贤村 21 号民居，对天井式传统民居不同功能空间夏冬季节的环境舒适度展开探究。通过对示范民居及五夫镇室外物理环境为期两年的不间断动态数据采集发现，闽北

77　吴兑，邓雪娇．环境气象学与特种气象预报 [M]. 北京：气象出版社，2001：170–172.

78　孙广禄，王晓云，章新平，等．京津冀地区人体舒适度的时空特征 [J]. 气象与环境学报，2011,27(3): 18–23.

天井式传统民居室内夏季最高温度可以达到 36 ℃以上，冬季长廊、堂屋等区域偶尔会低于 0 ℃。相比室外气象站记录的数据，民居具有明显的冬暖夏凉的特性，夏季室温平均较室外温度低 5—6 ℃，冬季室温平均比室外温度高 4—5 ℃。民居室内相对湿度受季节影响较小，主要受持续降雨等天气影响，范围在 45%—95%。室内风速每日振幅较大，原因在于东西通透的民居室内多出现阵风。

为了探究天井式民居不同开放程度空间形式的人居环境差异，研究选取长廊、堂屋、厨房以及卧室四个典型空间，利用同样高度、同样参数的集成性微环境采集设备对各点位的相关参数进行动态监测与量化对比（如图 6-20 所示，依次对应点位 P1—P4）。以 2021 年 12 月下半月为例，长廊点位（P1）详细数据分布箱线图如图 6-21 所示，对应的四种功能空间的日平均温湿度及风速变化折线图如图 6-22 所示。

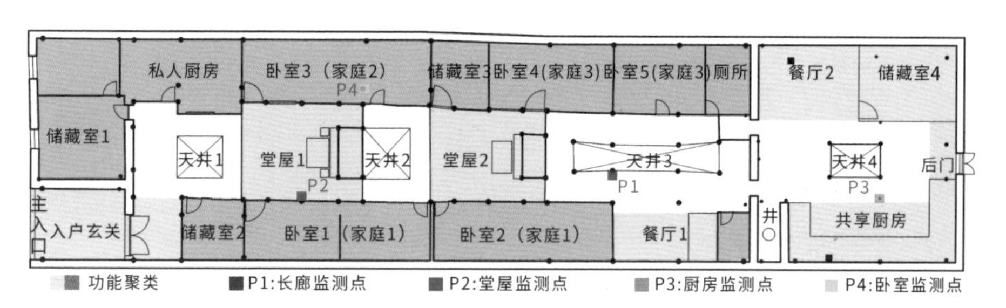

图 6-20 调用环境传感器点位图

从传统民居四个典型空间物理环境的横向对比来看，四个监测点的温度变化一致性较强，两侧厢房卧室的温度无论夏季还是冬季都比其他空间高 2-4 ℃，而其余三处的温度差异则较小，进深较深的厨房温度要略高于堂屋、长廊。同样的，长廊、堂屋及厨房三个半开放空间的相对湿度随天气变化趋于相似，而卧室相对湿度虽然变化趋势与其余三处保持一致，但是振幅明显较平缓，基本处于低于 80% 的舒适区间内。而四种空间的日均风速变化则具有明显的无序性，主要原因是传统民居乡土材料的围护结构存在诸多干扰因素，但是因为长廊具有更好的通透环境，每日的最大风速基本出现在长廊监测点。

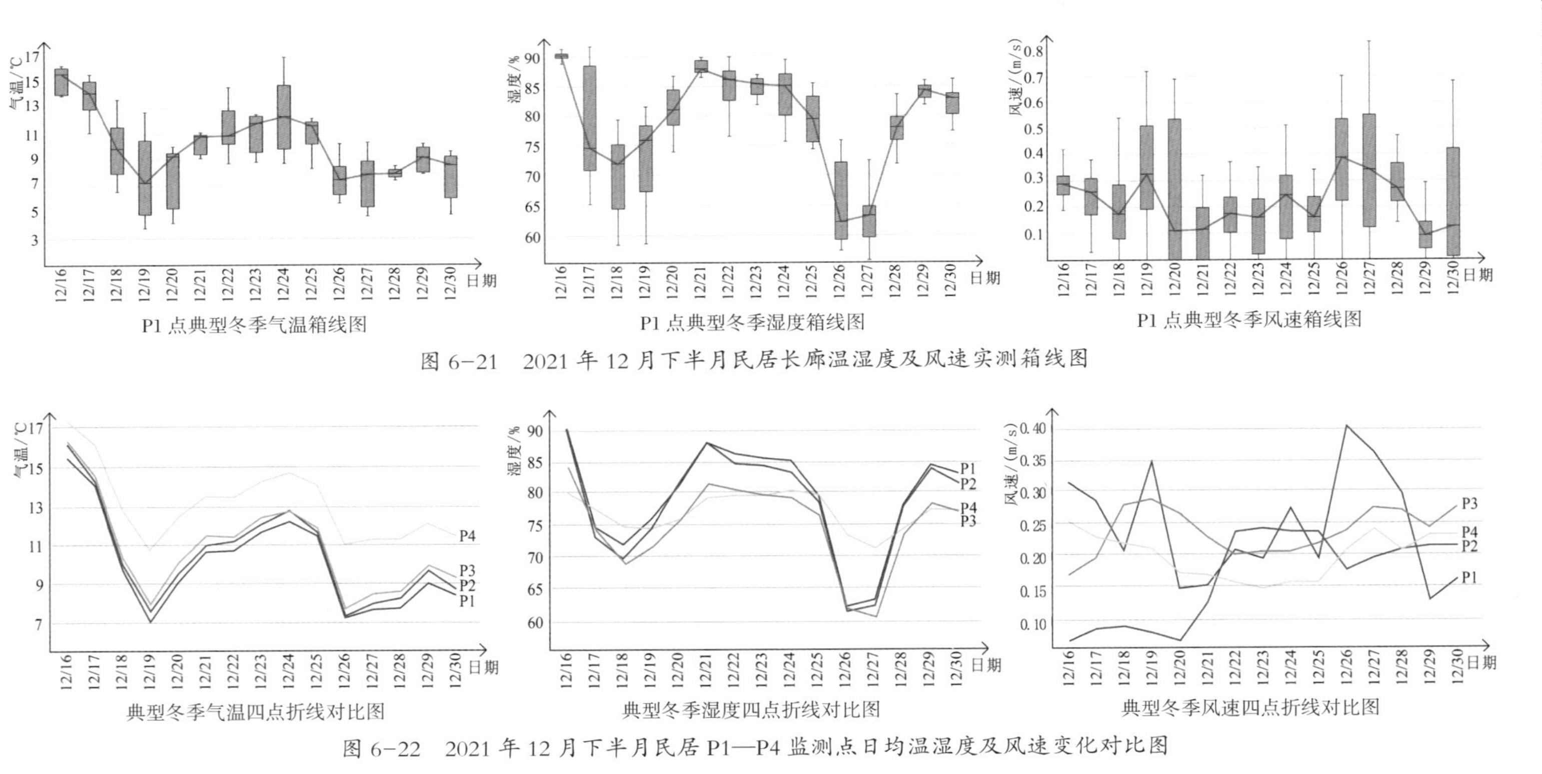

图 6-21　2021 年 12 月下半月民居长廊温湿度及风速实测箱线图

图 6-22　2021 年 12 月下半月民居 P1—P4 监测点日均温湿度及风速变化对比图

基于采集的空气温度、相对湿度及空气风速等时序数据，结合 CIHB 指数计算方法，可以获得每个监测点的全天不间断 CIHB 时序数值。以长廊监测点 P1 为例，其典型夏季（2021 年 8 月 16 日—2021 年 8 月 30 日）及冬季（2021 年 12 月 16 日—2021 年 12 月 30 日）的人体舒适度箱线图如图 6-23 所示。取其每日 CIHB 平均值生成折线图，将其与 P2、P3、P4 监测点同时间段的 CIHB 均值折线图融合，如图 6-24 所示。

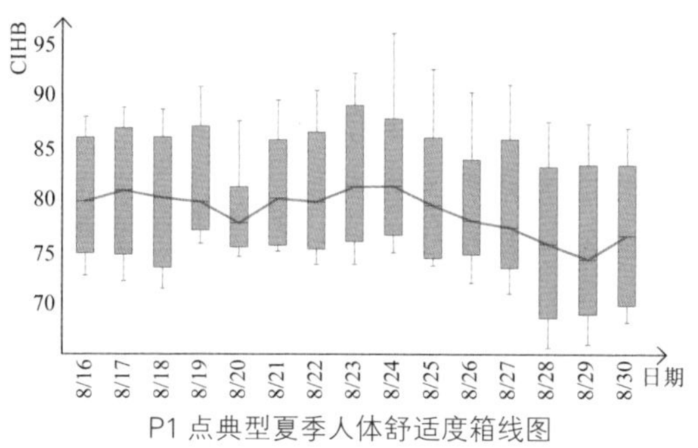

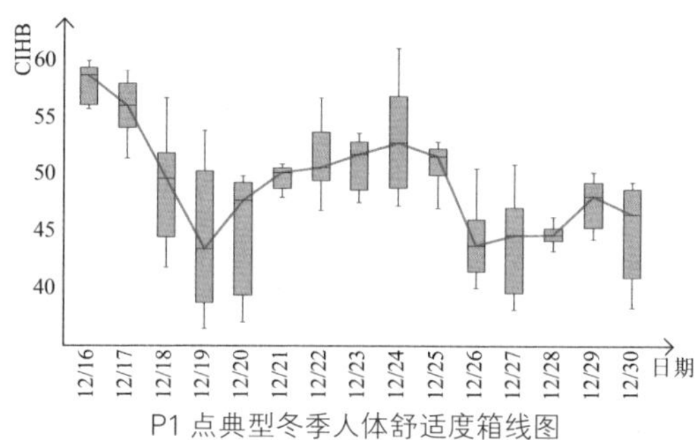

图 6-23 民居长廊典型夏冬季节人体舒适度箱线图

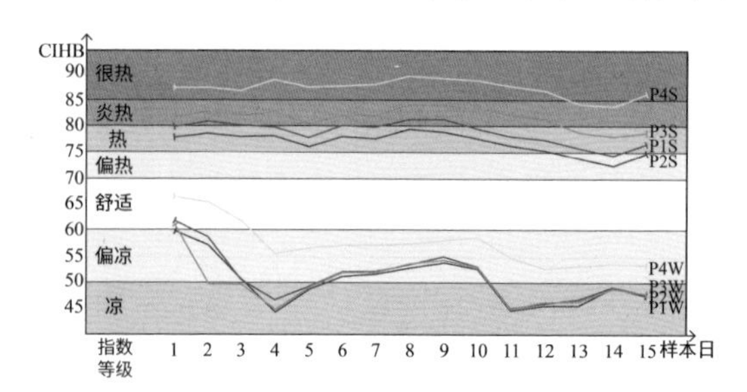

图 6-24 调研民居 P1—P4 监测点夏（S）冬（W）季节人体舒适度指数对比图

夏季传统民居内人体舒适度指标几乎都在 75 以上，意味着夏季闽北传统民居内人体舒适度整体较差，普遍比较热。各功能空间在冬季的 CIHB 指数虽然跨度较大，但整体舒适度尚可。具体来讲，夏季民居内的四个功能空间舒适度变化趋于一致。两侧厢房卧室因为相对密闭，通风较差，因此人居环境不理想（4 级）；而均为半开放空间的长廊、堂屋和厨房的舒适度则与其开放程度成正比，即空间越开放开阔，夏季就越舒适，但 CIHB 指数基本处于 2 级以上。与夏季不同，冬季五夫镇传统民居整体舒适度则较好。长廊、堂屋和卧室虽然在温湿度、风速等单独物理环境指标上存在差异，但是 CIHB 指数及变化趋势几乎相同，在 50 左右振荡；而卧室空间舒适度即使在室外 -7 ℃的情况下也能保持 CIHB-1 级的状态，说明闽北传统民居冬季舒适性相对较好，人居环境整体尚可。

综上，以人体舒适度指数（CIHB）标准对示范天井式传统民居人居环境舒适度进行评估，夏季民居整体环境较不理想，半开放空间长期处于偏热状态，而厢房、卧室等室内环境则更加堪忧，极热环境下 CIHB 值甚至会超过 95，长期处于这种超炎热状态的居民存在中暑、缺水等健康风险，急需通过改善通风、引入新风等手段改善空气质量。在过渡季节（春秋季节）及寒冷冬季，传统民居整体舒适度情况尚可，无论室内还是半开放空间均不存在 CIHB 值 20 以下的极端环境，大多时段仅为人体感受偏凉或舒适；尤其是室内空间因为三合院的特殊建造形式能够保持充足的阳光照射，舒适度较高，体现了天井式传统民居建筑形式的优势。

6.3.2 热舒适性评价

如果对人体舒适度评估内容进行划分，按物理环境类型可划分为热舒适性、声舒适性、光舒适性等。通过对浙江、福建、江苏、云南、北京等多地传统民居的走访调研发现，相比于热舒适性，居民普遍对声环境与光环境满意度较高，而对于热环境的满意度则存在明显差异。不同气候区域传统民居居民对于热的包容性各不相同：最北部的寒冷地区的乡镇民居夏季的中性温度在 16—

17 ℃[79-80]，而南部夏热冬暖地区传统民居的非夏季中性温度即可达20 ℃左右[81]，夏季甚至可以上升至26—28 ℃[82]，与极寒地区相比最大差距在10 ℃以上。不仅如此，建筑中的不同空间形式的热感觉差异也是不可忽视的。研究表明，建筑半开放空间与室内空间给使用者提供的热感觉亦不相同[83]，使用者在不同空间形式中感受到的热中性温度的差异不可忽视。

对传统民居热舒适度的研究可以有效地帮助评估其运行过程中采暖和制冷所需的能源消耗。暖通空调相关的能源消耗是建筑运行碳足迹的主要来源。在全球碳中和以及乡村振兴战略的背景下，对传统民居热舒适性的评估能够帮助找到民居低碳更新的重心，挖掘现有民居的碳足迹分布，对传统村落人居环境品质提升意义深远。不仅如此，天井式乡土住宅是人类通过建筑形式适应自然热环境的智慧结晶，探讨这种建筑形式的居住体验，可以辅助建筑师衍生相关设计概念并通过量化数据佐证其低碳设计的合理性。

传统村落基础设施普遍相对落后，地理位置常位于山谷之中，气候变化频繁，传统的气象台数据不能准确反映村镇室外气候。同时面对遗产保护低干预管理与非接触信息采集等需求，传统的管理方法很难实现传统民居内环境数据的长期动态监测。而基于本案例提出的智慧运维体系，对五夫镇示范传统民居的物理环境进行了全方位的采集，热舒适性评估所需的空气温度、平均辐射

79 CHEN X, XUE P, LIU L, et al. Outdoor thermal comfort and adaptation in severe cold area: a longitudinal survey in Harbin, China [J]. Building and environment, 2018, 143: 548-560.

80 MA X, ZHANG L, ZHAO J, et al. The outdoor pedestrian thermal comfort and behavior in a traditional residential settlement: a case study of the cave dwellings in cold winter of China [J]. Solar energy, 2021, 220: 130-143.

81 张仲军 . 夏热冬暖地区城乡建筑人群热适应研究 [D]. 广州：华南理工大学，2018.

82 FANG Z, ZHENG Z, FENG X. Investigation of outdoor thermal comfort prediction models in South China: a case study in Guangzhou [J]. Building and environment, 2021, 188: 107424.

83 RIJAL H B, YOSHIDA H, UMEMIYA N. Seasonal and regional differences in neutral temperatures in Nepalese traditional vernacular houses [J]. Building and environment, 2010, 45: 2743-2753.

温度等数据信息已经在 CIM 平台上实现长期有效的存储，确保了对此类天井式传统民居热舒适性评估结果的科学性及可实施性。

Fanger 教授提出的 PMV-PPD 模型在进行自然通风建筑热环境评估时存在局限性与不准确性[84]。为了更好地探究人们长期生活过程中人体热感觉与环境参数的关系以及舒适温度与当地气候特征（室外温度）的关联，在评估理论选择上，本案例运用了在对自然通风建筑热舒适性评估中得到广泛认可的适应性热舒适模型[85]。该模型揭示了室外温度和室内舒适温度之间的一种线性关系，充分考虑了人们通过热感知而采取的一些适应性调节措施，具有很强的现实意义。基于室外气象站数据以及示范民居半开放空间和室内空间物理环境传感器的回传数据，能够很容易地在运维平台上获取评估所需的数据。通过热感觉投票（TSV）调查，对当地生活在同样形式、同样的朝向天井式民居内的居民在不同时刻不同空间进行热环境调研打分，能够得到预测特定气候类型建筑室内可接受的温度范围。基于室外气象站数据以及示范民居半开放空间和室内空间物理环境传感器的回传数据，能够得到回归程度较佳的操作温度与热感觉线性方程，从而得到各月中性温度与室外月平均温度相关的散点图，从而基于适应性热舒适模型理论，通过室外温度实现对室内空间及民居半开放空间舒适温度的实时预测。相关计算方法与调研结果已经发表在建筑环境领域期刊 *Building and Environment*[86]，在本书中不做赘述。实验运用相关传感器参数如表 6-3 所示。代表性季节热中性温度调研结果如图 6-25 所示，舒适性热舒适回归方程如图 6-26 所示。利用适应性热回归方程可以基于实时室外空气温度估算两种空间内的中

---

84 FANGER P O. Thermal comfort[M]. Malabar, Florida: Robert E Krieger Publishing Company, 1982.

85 HUMPHREYS M A. Outdoor temperatures and comfort indoors[J]. Batiment Internation, Building Research and Practice, 1978, 6: 92.

86 QIAN Y C, LENG J W, CHUN Q, et al. A year-long field investigation on the spatio - temporal variations of occupant's thermal comfort in Chinese traditional courtyard dwellings[J]. Building and environment, 2022, 228: 109836.

性温度，本研究基于 2017 ASHRAE 55 标准[87]，定义以中性温度为中值上下浮动 7 ℃为 80% 人体热舒适区间，并将估算结果呈现在平台上。通过计算实时室内操作温度并与预测舒适区间进行对比，可判断实时温度是否能够满足使用者的热舒适需求，对长时间超过舒适温度的时间段进行预警，帮助使用者对民居舒适性做出系统统计与优化方案判断。

表 6–3 热舒适性评估相关监测设备参数

监测内容	采集原理	量程	分辨率	精度
空气温度 / ℃	能隙温度传感	–40—80	0.1	± 0.5
空气湿度 / ℃ RH	电容式	0—100	0.1	± 5
黑球温度 / ℃	热敏电阻	–50—100	0.1	± 0.2
风速 / (m/s)	超声波	0—60	0.01	± 0.3
风向 / °	超声波	0—360	0.1	± 3

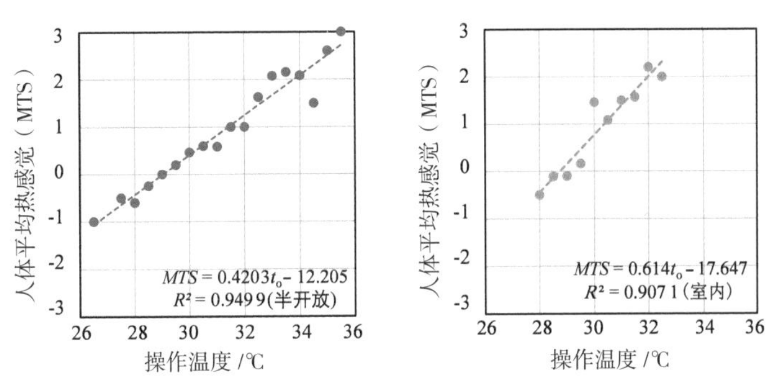

图 6–25 2022 年 8 月热中性温度调研结果

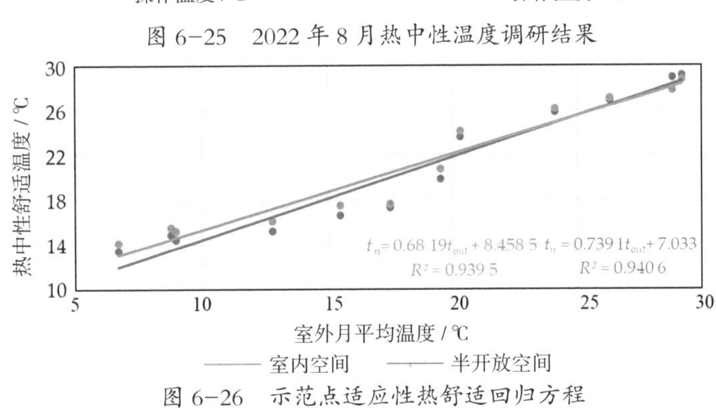

图 6–26 示范点适应性热舒适回归方程

87 ASHRAE. Thermal environmental conditions for human occupancy: ANSI/ ASHRAE Standard 55–2017 [S], 2017: 49–55.

本案例研究充分考虑到天井式民居室内与半开放空间的差异以及全年使用者不同的热经历，基于 2021 年 9 月至 2022 年 8 月的长期动态监测与走访调研，运用智慧运维 CIM 平台，对该领域多种物理环境进行了为期两年的跟踪分析与算法运算，生成相对严谨准确的评估模型，对天井式民居热舒适性时空差异进行了分析，得到以下结论：

① 民居各类半开放空间热环境相似，与开放程度以及进深关系不大；而室内温度则与房屋朝向有关。

② 民居室内温度变化幅度较小。非冬季日平均气温与半开放空间类似，但冬季室内气温明显更高。

③ 天井式民居热适应模型方程斜率较大，说明居民对热环境拥有强大的包容性。

④ 冬季室内中性温度明显高于半开放空间，然而夏季半开放空间中性温度却略高。

⑤ 室内热不舒适时段主要发生在夏季夜晚以及日温差过大的过渡季节，且持续时间较长。

⑥ 半开放空间热不舒适时段主要发生在冬季阴冷天气。

基于对传统民居的智慧运维，能够实现海量数据的动态存储，为热舒适评估三要素“数据、方法与应用”提供载体。通对此类传统民居运维管理评估，能够相对准确地挖掘民居中人居环境欠佳的时空分布，帮助管理者对民居舒适性做出系统统计与优化方案判断。

6.3.3 碳排放量核算与预测

工业化的快速发展给城市住宅带来了巨大的碳足迹。建筑领域作为温室气体（Greenhouse Gas, GHG）的主要排放源，其每年能源消耗约占全球总能耗的 40%[88]。随着全球碳中和政策的相继

88 HAUASHDH A, JAILANI J, RAHMAN I A, et al. Strategic approaches towards achieving sustainable and effective building maintenance practices in maintenance-managed buildings: a combination of expert interviews and a literature review[J]. Journal of building engineering, 2022, 45: 103490.

颁布，对建筑进行绿色低碳化改造迫在眉睫。根据广为认可的全生命周期评估理论，建筑碳排放的核算周期分为建筑材料物化阶段、建筑施工阶段、建筑运行阶段及建筑拆除阶段。其中运行阶段的能耗就占据了全生命周期的近 80%，且该阶段减排潜力最大，迫切需要进行脱碳优化。由于落后的建筑方法和陈旧的基础设施，传统民居通常具有相对较低的能源效率，更应该受到重视，因此对传统民居运行阶段碳足迹进行评估分析很有意义，是民居运维中的重要组成部分。

准确的碳核算是减排降碳的基础，只有明确碳足迹的分布，才能因地制宜地制定优化策略，实现碳中和。然而对传统民居的碳排放核算存在诸多挑战。除了强制性的建筑遗产保护要求外，传统民居共享式的运行模式及其居住者不同的生活习性也让其比现代住宅在碳排放方面更难掌控。探讨如何准确有效地评估传统民居住宅运行碳足迹，一方面有助于探索去碳化战略，另一方面也可以推导出其他城市住宅的碳排放。

通过对多源数据的动态监测以及 CIM 平台的运维管理，可以实现民居碳排放量的准确核算。首先基于本书 3.3 节介绍的通过数学模拟建立的环境数据库，可以实现民居室内温度场、速度场以及照度等物理环境参数分布的超实时预测，再结合诸如热舒适性评估以及人工光源启动与照度的关系等民居人居生活习性的评估，可以明确民居内各空间自然环境不舒适的时空分布。接着结合人员定位监测可以明确具体需要人工设备进行干预的时空分布；利用能耗传感器等相应能耗设备进行监测与分析，明确调节设备的单位能耗量，从而计算时间段内产生的能耗总量。最后参考国家标准《建筑碳排放计算标准》（GB/T 51366—2019）中的各能源碳排放因子[89]，即可实现民居碳排放量的核算。具体技术路线如图 6–27 所示。

89 中华人民共和国住房和城乡建设部 . 建筑碳排放计算标准：GB/T 51366—2019 [S]. 北京：中国建筑工业出版社 , 2019.

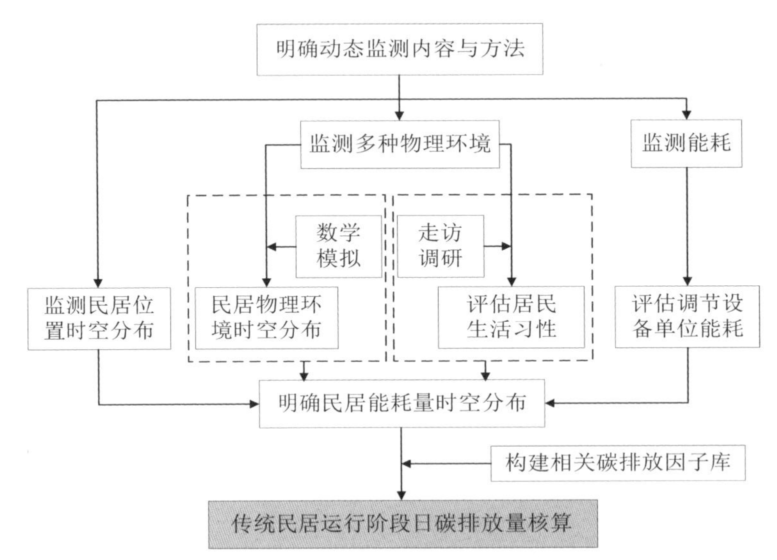

图 6–27　传统民居运行阶段碳排放核算技术路线

传统民居运行期间碳排放核算具体算法如下：

将农村住宅运行阶段的碳排放总量设为 Q，获取过程如下；

$$Q=\sum_{i=1}^{n}Q_i-Q_p \tag{6–2}$$

式中，Q_i 代表第 i 个居民空间的运行阶段碳排放量；Q_p 代表运行阶段碳汇系统减碳总量；n 为居民空间总数，其中 Q_i 的获取公式为：

$$Q_i=\sum_{j=1}^{m}E_{i,j}\times EF_{i,j} \tag{6–3}$$

式中，$E_{i,j}$ 为农村住宅第 i 个空间的第 j 次活动能源消耗量；$EF_{i,j}$ 为第 i 个空间的第 j 次活动所耗能源的碳排放因子，包括暖通空调、照明、生活热水系统所产生的电力、燃气、散煤和市政热力；m 为第 i 个空间产生的能耗活动总次数。所述农村住宅空间中的暖通空调、生活热水和照明炊事的活动能耗若是通过可再生能源系统供给，则能耗不需要计算在运行阶段碳排放量中。

Q_p 的获取公式为：

$$Q_p=\sum_{l=1}^{w}Q_l\times T \tag{6–4}$$

式中，Q_l 为第 l 种植物的年减碳量；T 为住宅碳排量核算时间的区间长度；w 为植物种类总数。

为了获取所述变量值，基于建成的 CIM 平台，核算包括以下步骤：

（1）建立农村住宅数字模型并进行空间划分与监测选点。

（2）确定农村住宅碳排放量核算所需的动态监测数据内容及处理方法。

① 基于物联网技术对农村住宅室内外空气温湿度、风速风向、辐射温度、照度等物理环境以及民居位置、能耗进行动态监测；

② 运用云计算、大数据技术进行传输存储；

③ 运用统计学原理对数据进行清洗、筛选与处理。

（3）获取相关调节设备的单位能耗。

① 在别的能耗设备保持不变的情况下，通过监测住宅能耗，确定制冷供暖及维持舒适温度相关设备所产生的单位时间能耗；

② 在别的能耗设备保持不变的情况下，通过监测住宅能耗，确定提供照明、热水设备所产生的能耗；

③ 获取其余石化燃料使用情况，最后得出总体单位时间的能耗。

（4）确定农村住宅能耗量的时空分布。

① 运用数学模拟与有限监测数据预测民居物理环境分布；

② 对民居居民热舒适、照明、热水等生活习性进行评估；

③ 确定民居需要设备调节环境的时空分布，并结合人员定位监测确定住宅第 i 个空间居民生活产生的第 j 次能耗的时间 $T_{i,j}$；

④ 通过获取的相关调节设备的单位能耗，将住宅第 i 个空间的第 j 次活动单位时间的能耗设为 $W_{i,j}$；

⑤ 农村住宅第 i 个空间的第 j 次活动能源消耗量 $E_{i,j}$ 的获取公式为：

$$E_{i,j} = T_{i,j} \times W_{i,j} \tag{6-5}$$

（5）参照碳排放因子库核算传统民居运行阶段碳排量结果并与建立的农村住宅数字模型平面融合。

① 根据民居特性，查询能源碳排放因子库，确定第 i 个空间

的第 j 次所耗能源的碳排放因子 EF_j；

② 根据调研村镇环境特性，查阅植物年减碳量，确定第 l 种植物的年减碳量 Q_l；

③ 明确用户所需核算碳排量时间范围 T，以图形的形式呈现设定的时间范围内的碳排放总量及各民居空间的碳排放量分布。

该基于 CIM 平台动态数据计算传统民居运行阶段碳排放的方法通过综合使用多种数字技术及数学模拟进行核算，对民居干预少，核算效率高，满足了乡村振兴战略下减少对传统民居干预的要求；通过实测数据与模拟相结合的方法，量化评估要素，具有较强科学性。评估体系能够满足管理者对民居不同时段碳排放核算的需求，使得评估角度更加全面，有助于推动“双碳”目标在传统民居方面的实现。最关键的是，该运维方法不仅解决了传统民居碳排放核算的难点，而且能够图形化呈现碳排放量在民居不同空间中的分布比例，帮助确定减排增效改造的重心，为民居绿色更新提供量化依据。

实现了碳排放智能核算后，可以完成每日碳排放量的核算。将示范点当地气候环境参数、民居室内重要参数及人员活跃度等影响因子作为输入层，碳排放量作为输出层，运用 BF（Basis Function，基函数）神经网络系统，可以完成机器学习（图 6–28），探究各影响要素对民居碳排放的影响程度。完成数据训练后，以次日天气预报以及预测人员活动量为参数输入，可以实现次日碳排放量的粗略估算。目前该算法已经内置于示范平台中运行 18 个月以上。通过对每日碳排放预测结果及实际核算成果进行比对与增量学习，预测精度得到不断提高。其中碳排放预测的技术路线如图 6–29 所示。

6.3.4 结构评分

本书 3.3.2 节已经对结构安全导向的评估预警进行了技术介绍。本示范项目以朱子社仓示范点为例，针对民居结构存在的安全隐患，以减少干预、提前预测结构残损点为目标，对民居展开长期结构安全监测，运用应变计、加速度传感器、裂缝计、沉降

图 6-28 传统民居碳排放预测技术框架

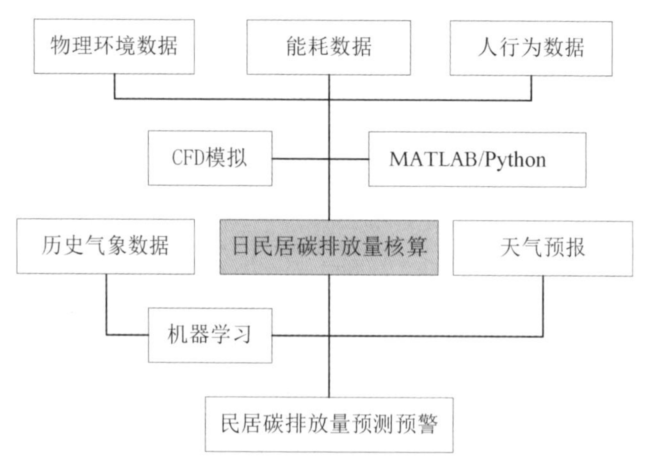

图 6–29 示范民居次日碳排放预测预警技术路线

传感器、位移传感器等多指标监测仪器，对传统民居结构强度及节点位移信息进行动态监测。通过有限元模型结合动态实测数据进行修正，并基于应变能的权重计算法，实现多层次结构安全评估预警。

相关传感器安装布设如图 6–13 所示。

基于内置算法，示范研究开发了“华南传统木构民居结构安全定量评估软件”（图 6–30）。

案例生成的结构评分报告如下：

1. 基本情况

该华南木构传统民居为朱子社仓，地点在福建南平，初建于南宋乾道七年（1171 年），最后一次修建于光绪十五年（1889 年），长 22.70 m，宽 17.95 m，最高处 6.35 m。

该华南木构传统民居正屋面积为 742.6 m^2，厢房面积为 257.4 m^2。

2. 整体结构安全状态定量评估的打分（表 6–4）

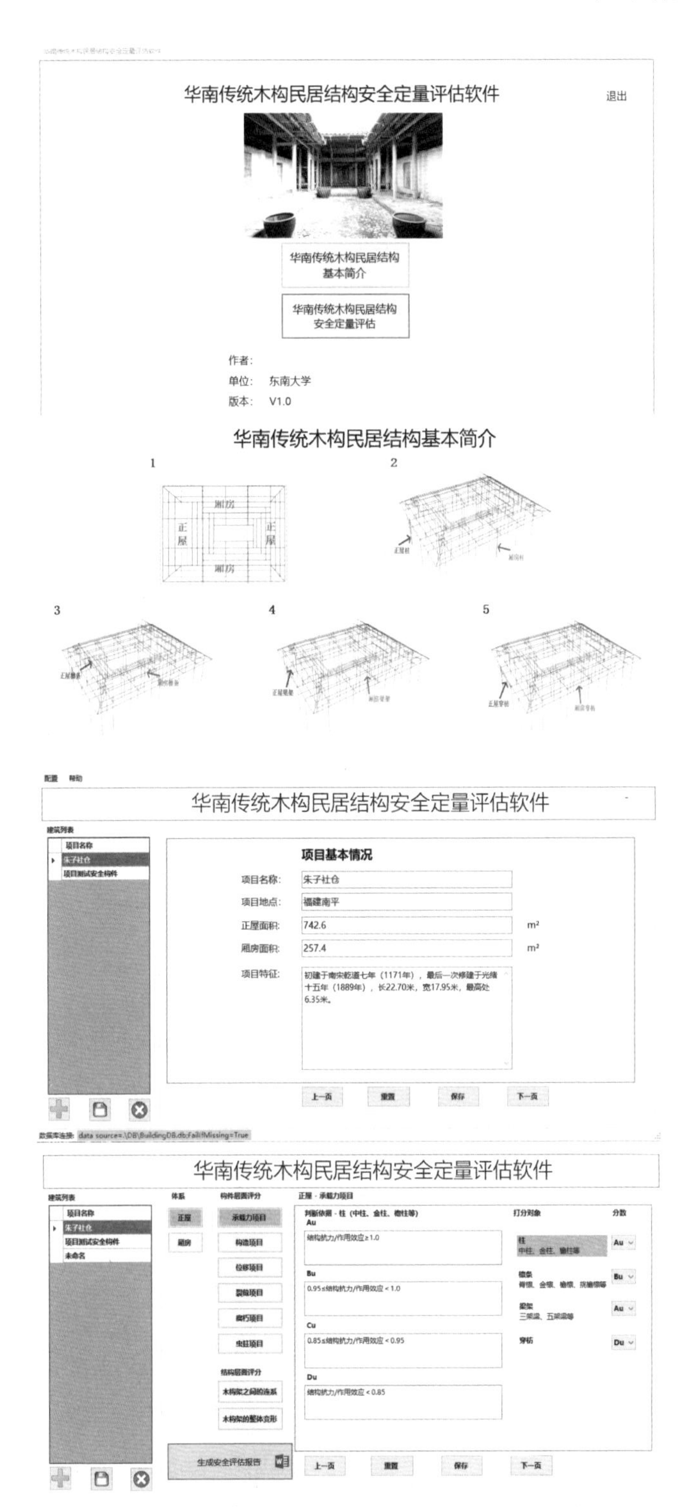

图 6-30 华南传统木构民居结构安全定量评估软件

表 6–4　整体结构安全状态定量评估打分

	结构安全综合评分（S）	体系	体系评分（S'）	主题层	主题层评分（S"）	次主题层	次主题层评分（S1）
结构安全状态综合评分	56.47 较安全	正屋	56.68 较安全	构件层面	75.03 基本安全	柱	70.17 较安全
						檩条	81.70 基本安全
						梁架	75.81 基本安全
						穿枋	50.06 较安全
				结构层面	38.33 较危险	木构架之间的连系	53.00 较安全
						木构架的整体变形	31.00 较危险
		厢房	55.86 较安全	构件层面	73.38 较安全	柱	70.17 较安全
						檩条	81.70 基本安全
						梁架	75.81 基本安全
						穿枋	50.06 较安全
				结构层面	38.33 较危险	木构架之间的连系	53.00 较安全
						木构架的整体变形	31.00 较危险

3. 整体结构安全状态定量评估的等级指标（表 6–5）

表 6–5　整体结构安全状态定量评估等级指标

评价得分	76—100	51—75	26—50	0—25
评价等级	一级	二级	三级	四级
状态	基本安全	较安全	较危险	危险

一级为基本安全状态，说明结构性能退化不明显，不影响结构的正常使用。

二级为较安全状态，说明结构发生了性能退化但还处于安全范围内，可以继续使用，但须保持观测或请专业机构予以检测。

三级为较危险状态，说明结构已产生了明显的损伤与性能退化，不宜继续正常使用，须由专业机构予以检测并提出加固修缮建议。

四级为危险状态，说明结构出现重大性能退化或构件损伤位移等，须立即停止使用，同时请专业机构予以检查并提出加固修缮建议。

4. 建议重点关注或采取措施的结构构件（表 6–6）

表 6–6 建议重点关注或采取措施的结构构件

体系名称	构件名称	评价项目	构件现状
正屋	柱	位移项目	位移 > 构件计算长度 /200
		裂缝项目	存在 1—2 道斜率 > 10% 的斜纹理或斜裂缝，或最大裂缝深度≤构件宽度（直径）/3
		腐朽项目	存在心腐，或截面上腐朽面积大于原截面面积的 10%
	檩条	裂缝项目	存在 1—2 道斜率 > 10% 的斜纹理或斜裂缝，或最大裂缝深度≤构件宽度（直径）/3
		腐朽项目	不存在心腐，且截面上腐朽面积在原截面面积的 5%—10% 范围内
		虫蛀项目	出现少数蛀孔，或敲击有空鼓音，或用仪器探测结构内部有蛀洞
	梁架	构造项目	构件长细比、高跨比出现少数不满足规范要求的情况，或节点连接不正确，发生轻微变形
		位移项目	构件计算长度 /400 < 位移≤构件计算长度 /200
		裂缝项目	存在 1—2 道斜率 > 10% 的斜纹理或斜裂缝，或最大裂缝深度≤构件宽度（直径）/3
		腐朽项目	不存在心腐，且截面上腐朽面积在原截面面积的 5%—10% 范围内
		虫蛀项目	出现少数蛀孔，或敲击有空鼓音，或用仪器探测结构内部有蛀洞
	穿枋	承载力项目	结构抗力 / 作用效应 < 0.80
		位移项目	构件计算长度 /400 < 位移≤构件计算长度 /200
		腐朽项目	不存在心腐，且截面上腐朽面积在原截面面积的 5%—10% 范围内
		虫蛀项目	出现少数蛀孔，或敲击有空鼓音，或用仪器探测结构内部有蛀洞
	木构架之间的联系	柱、檩条、梁枨等主要构件间的联系项目	榫头拔出卯口的长度没超过榫头长度的 1/5

续表

体系名称	构件名称	评价项目	构件现状
正屋	木构架之间的连系	柱与穿枋等次要构件间的连系项目	榫头拔出卯口的长度没超过榫头长度的 1/5
	木构架的整体变形	平行正屋方向的变形项目	顶部侧向位移与构架柱高的比值 >10/1000，或顶部侧向位移 >150 mm
		垂直正屋方向的变形项目	顶部侧向位移与构架柱高的比值≤ 10/1000，或顶部侧向位移 <150 mm
厢房	柱	位移项目	位移 > 构件计算长度 /200
		裂缝项目	存在 1—2 道斜率 > 10% 的斜纹理或斜裂缝，或最大裂缝深度≤构件宽度（直径）/3
		腐朽项目	存在心腐，或截面上腐朽面积大于原截面面积的 10%
	檩条	裂缝项目	存在 1—2 道斜率 > 10% 的斜纹理或斜裂缝，或最大裂缝深度≤构件宽度（直径）/3
		腐朽项目	不存在心腐，且截面上腐朽面积在原截面面积的 5%—10% 范围内
		虫蛀项目	出现少数蛀孔，或敲击有空鼓音，或用仪器探测结构内部有蛀洞
	梁架	构造项目	构件长细比、高跨比出现少数不满足规范要求的情况，或节点连接不正确，发生轻微变形
		位移项目	构件计算长度 /400 ＜位移≤构件计算长度 /200
		裂缝项目	存在 1—2 道斜率 > 10% 的斜纹理或斜裂缝，或最大裂缝深度≤构件宽度（直径）/3
		腐朽项目	不存在心腐，且截面上腐朽面积在原截面面积的 5%—10% 范围内
		虫蛀项目	出现少数蛀孔，或敲击有空鼓音，或用仪器探测结构内部有蛀洞
	穿枋	承载力项目	结构抗力 / 作用效应 < 0.80
		位移项目	构件计算长度 /400 ＜位移≤构件计算长度 /200
		腐朽项目	不存在心腐，且截面上腐朽面积在原截面面积的 5%—10% 范围内
		虫蛀项目	出现少数蛀孔，或敲击有空鼓音，或用仪器探测结构内部有蛀洞
	木构架之间的联系	柱、檩条、梁栿等主要构件间的联系项目	榫头拔出卯口的长度没超过榫头长度的 1/5
		柱与穿枋等次要构件间的联系项目	榫头拔出卯口的长度没超过榫头长度的 1/5
	木构架的整体变形	平行厢房方向的变形项目	顶部侧向位移与构架柱高的比值 >10/1000，或顶部侧向位移 >150mm
		垂直厢房方向的变形项目	顶部侧向位移与构架柱高的比值≤ 10/1000，或顶部侧向位移 <150mm

第七章
总结与展望

7.1 总结

在响应乡村振兴战略需求及实现农业农村全面现代化的目标的过程中，数字技术在助力民居优化及人居环境提升方面起着重要作用。一方面，以建筑信息模型（BIM）技术为基础，辅之以物联网、大数据、云计算等互联网技术的数字孪生智慧运维平台在对民居监测管理方面具有可视化、可模拟、可协调、可预测等特点，能够在低干预的前提下对民居现状进行数字模拟，从而分析预测民居质量。另一方面，通过乡村信息模型平台，可以有针对性地对民居存在的问题要素进行模拟优化，在不干预民居的同时找到优化民居的最优解。

本书针对目前传统民居普遍存在的“重建轻管”现象，将村镇减排增效监测技术与 BIM、云计算、大数据、物联网等技术进行集成，以 CIM 技术为基础，全面介绍了面向传统民居运维管理的“数据采集—融合匹配—智能分析—轻量显示—动态监控—预警预判—决策支持”等全链条技术集成应用技术体系，指导研究者构建提升村镇传统民居运维信息综合管理服务的平台。本书结合国家重点研发计划示范项目，对传统民居运维管理中多源异构数据融合匹配与三维轻量化处理管理等难点以及运维管理平台管理导则进行了详细陈述，为相似研究提供了参考依据。

本书所提出的适用于传统民居的运维信息动态监测与管理集成模式，即通过多层次、多方位、多领域的海量数据采集与数据的融合匹配，形成“感—联—知—用—融”的综合性数据集成与数据分析平台；继而运用集中系统平台综合解决现代村镇中传统民居诸多运维要素信息匹配协调问题，解决多源异构信息的融合交互问题，并构建与之相适应的集成信息化技术体系；采用三维可视化方式进行 CIM 平台的交互管理，突破传统信息管理平台表格化和二维图形化的限制，建立真实环境与数字模型之间的联动，实现展示与模拟真实建造结果及不同传统民居管理内容的综合系统集成管理；实现各模块之间的数据联动分析和关联预警判读，构建集成信息化决策支持与管理技术体系。

7.2 预期效益

1. 科学价值

揭示传统民居运维系统模块监测数据的内在关联，为建立整体化运维服务管理的预警判断逻辑模型、计算方法和预测技术提供民居方面的技术支撑。

2. 社会效益

该基于 CIM 的传统民居智慧运维系统，匹配当下村镇生态文明建设战略的需求，与国家科学和技术发展方向相契合，能够提高村镇管理水平与效率，有利于村镇的有序发展。

3. 经济效益

本书所介绍的数字化管理技术，有利于强化村镇管理，提高基础设施水平，从而降低村镇生产与运营的成本，节约能源消耗，提高村镇生产与建设的效率。

4. 生态效益

通过对传统民居的运维管理与预测预警，能够有效地评估传统民居的能耗与能效，明确传统村落能耗需求，减少能源浪费，增加可再生能源和地方资源的利用，实现生态效益。

7.3 未来展望

疫情影响下的国内外政治、经济环境的变化深刻影响了人类生产生活。然而我国在多个重要领域随时面临着国外的技术封锁，支撑国民经济的一些重大产业关键技术均有被“卡脖子”的风险。为掌握自主可控的国产关键技术，国家也已明确提出针对关键核心技术实施攻关工程，突破技术瓶颈。

面对当下复杂的国际形势，拥有软件独立自主权才能真正把握发展命脉。在数字智能化的浪潮下，“十四五”规划明确提出加快数字经济、数字社会、数字政府等数字中国建设工程，对自主可控的国产关键技术更是投入巨大，积极探求以数字化转型驱动生产、生活、生态变革的发展方式。

针对传统民居的运维难点，本书介绍了一种基于 CIM 技术的智慧运维管理方法。该技术路线具有低干预、轻介入、高效率、适用性广等特性，能够很好地满足传统民居的运维要求。除此之外，这种长期动态监测能够为中国传统民居建立一个详尽全面的数据库，为后期历史建筑的更新与优化提供参考。然而，数字城市的营造目前还处于起步阶段，机遇与挑战并存，未来该领域的发展方向与重难点包括但不限于以下方面：

（1）随着设计端的数字模拟软件的发展，主流的能耗环境模拟优化软件如 ENVI、EnergyPlus、Fluent 等都实现了与 BIM 平台的联动，如何实现模拟软件与平台的联动以实现高效优化方案的模拟与计算还需进一步探索。

（2）多种民居潜在的风险以及自然灾害可以通过智慧运维平台实现科学预测，从而规避风险，但如何基于平台实现对民居的远程环境管控是未来突破的重点。

（3）平台搭建涉及技术广泛，专业跨度大，需培养专业人才，降低人力、物力成本。

（4）平台技术在传统村镇中具有一定颠覆性，在居民中的认可度与接受度需要通过大量示范得到提高，应进行重点推广。

（5）在预测预警方面数据样本量严重欠缺，在预测准确性方面存在挑战。亟须组建核心数据库。

在数字技术高速发展的今天，CIM 技术依然处于早期阶段，还有很多的技术要点需要得到规范和突破。学者们还提出了“CIM+AI”的城市构想，旨在基于 CIM 平台对数据进行预测分析、辅助决策的基础上，运用人工智能技术对民居运维期的各项指标进行智能决策。本书所介绍的技术框架及方法不仅适用于中国村镇传统民居，而且对于各地区街区环境运维及民居管理都有借鉴作用。如果说仅仅针对建筑单体静态数据的 BIM 技术在如今的复杂运维环境中有一定的局限性，而传统认知的城市智能信息系统所搭建的模型数据体量过大，实现难度大，那么本书中基于 CIM 的技术概念更类似社区信息系统（Community Intelligent Model），仅立足街区或建筑单体的智能运维分析管理方法，因其所包含的功能、模块远小于城市体量，从而能实现更高效科学的运维管理。城市维度的大尺度运维则可以由若干个社区运维系统整合而来。

随着数字技术的不断发展，课题团队亦会针对上述技术框架中的难点继续突破。相信在不久的未来，传统民居运维管理的全智能时代就会到来。

参考文献

[1] EASTMAN C, TEICHOLZ P, SACKS R. BIM handbook: a guide to building information modeling for owners, managers, designers, engineers and contractors [M]. New Jersey: John Wiley & Sons Inc, 2011.

[2] 中共中央 国务院关于全面推进乡村振兴 加快农业农村现代化的 意 见 [EB/OL].（2021-02-21）[2023-04-04].http://www.moa.gov.cn/ztzl/jj2021zyyhwj/2021nzyyhwj/202102/t20210221_6361867.htm.

[3] 中华人民共和国住房和城乡建设部 . 民用建筑热工设计规范：GB/ T 50176—2016 [S]. 北京：中国建筑工业出版社 , 2017.

[4] XU X，DING L, LUO H, et al. From building information modeling to city information modeling[J].Journal of information technology in Construction，2014，19: 292-307.

[5] 周俊羽，马智亮 . 建筑与市政公用设施智慧运维综述 [C]// 马智亮 . 第八届全国 BIM 学术会议论文集 . 北京：中国建筑工业出版社 , 2022: 405-412.

[6] 丁纯 , 李君扬 . 德国“工业 4.0”: 内容、动因与前景及其启示 [J]. 德国研究 , 2014, 29(4):49-66+126.

[7] 安宇宏 . 第四次工业革命 [J]. 宏观经济管理 , 2016(7):85-86.

[8] 郭思怡，陈永锋 . 建筑运维阶段信息模型的轻量化方法 [J]. 图学学报 , 2018,39(1):123-128.

[9] 陈庆财 , 冯蕾 , 梁建斌 , 等 .BIM 模型数据轻量化方法研究 [J]. 建筑技术，2019，50（4）：455-457.

[10] 刘大同，郭凯，王本宽，等 . 数字孪生技术综述与展望 [J]. 仪器仪表学报 , 2018,39(11):1-10.

[11] BuildingSMART. Home : Welcome to buildingSMART-Tech.org [EB/OL]. [2023-04-23]. http://www.buildingsmart-tech.org/.

[12] WILLIAN E, NISBET N, LIEBICH T. Facility management handover model view [J]. Journal of computing in civil engineering, 2013, 27: 61-67.

[13] 胡振中，彭阳，田佩龙 . 基于 BIM 的运维管理研究与应用综述 [J]. 图学学报 , 2015,36(5):802 - 810.

[14] NATURE. Community cleverness required [J]. Nature, 2008, 455(7209): 1.

[15] 桂宁 , 葛丹妮 , 马智亮 . 基于云技术的 BIM 架构研究与实践综述 [J]. 图学学报 ,2018,39(5):817-828.

[16] ERL T, MAHMOOD Z, PUTTINI R. 云计算：概念、技术与架构 [M]. 北京 : 机械工业出版社 , 2014: 18.

[17] 李志宇 . 物联网技术研究进展 [J]. 计算机测量与控制 ,2012,20(6):1445-1448+1451.

[18] ITU. ITU internet reports 2005: the internet of things [R].Geneva: ITU, 2005.

[19] 张云翼，林佳瑞，张建平 . BIM 与云、大数据、物联网等技术的集成应用现状与未来 [J]. 图学学报 , 2018,39(5):806-816.

[20] GRIEVES M. Virtually perfect：driving innovative and lean products through product lifecycle management[M]. Florida: Space Coast Press, 2011.

[21] BRENNER B,HUMMEL V. Digital twin as enabler for an innovative digital shopfloor management system in the ESB logistics learning factory at Reutlingen-University[J]. Procedia manufacturing, 2017, 9: 198-205.

[22] 吴志强 , 甘惟 , 臧伟 , 等 . 城市智能模型 (CIM) 的概念及发展 [J]. 城市规划，2021(4):106-113.

[23] 周颖 , 郭红领 , 罗柱邦 . IFC 数据到关系型数据库的自动映射方法研究 [C]// 第四届全国 BIM 学术会议论文集 . 合肥：中国国学学会 , 2018:311-317.

[24] 王亭 , 王佳 . 基于 BIM 与 IoT 数据的交互方法 [J]. 计算机工程与设计 ,2020,41(1):283-289.

[25] MA L, SACKS R. A cloud-based BIM platform for information

collaboration [C]// Proceedings of the 33rd International Symposium on Automation and Robotics in Construction. Auburn: I AARC, 2016: 513–520.

[26] BILAL M, OYEDELE L O, QADIR J, et al. Big data in the construction industry: a review of present status, opportunities, and future trends [J]. Advanced engineering informatics, 2016, 30(3): 500–521.

[27] CHANG C, TSAI M. Knowledge-based navigation system for building health diagnosis [J]. Advanced engineering Informatics, 2013, 27(2):246–260.

[28] 张云翼 . 基于 BIM 的建筑运维期能耗大数据管理与分析 [D]. 北京 : 清华大学 ,2020.

[29] 中共中央办公厅 国务院办公厅 . 数字乡村发展战略纲要 [N]. 农村大众报 , 2019-05-17(2)

[30] 伍锡梅 , 田曼丽 , 江爱军 .BIM 技术与传统民居绿色能耗交互协同平台搭建的探析 : 以重庆市走马古镇民居为例 [J]. 城市建筑 , 2020,17(5):70–73+79.

[31] 李刘蓓 , 于冰清 , 夏晓敏 . 基于 BIM 技术的传统民居适宜性改造研究 : 以石门村窑洞民居为例 [J]. 中原工学院学报 , 2020, 31(5):34–38.

[32] 任登军 , 王哲 , 徐良 . 基于 BIM 技术的冀中南传统民居物理环境模拟与优化探析 [J]. 建筑节能 ,2017,45(2):69–71+80.

[33] 康勇卫 , 梁志华 . 我国 GIS 研究进展述评 (2011—2015 年): 兼谈 GIS 在城乡建筑遗产保护领域的应用 [J]. 测绘与空间地理信息 ,2016,39(10):24–27+32.

[34] 胡明星 , 董卫 . 基于 GIS 的镇江西津渡历史街区保护管理信息系统 [J]. 规划师 ,2002(3):71–73.

[35] 冯立波 , 左国超 , 杨存基 , 等 . 基于物联网的农村污水监测系统设计研究 [J]. 环境工程学报 ,2015,9(2):670–676.

[36] 张宇，张厚武，丁振磊，等．农业小气候数据监测站的设计与实现 [J]. 计算机工程与设计，2016,37(8):2072-2076.
[37] 谢静芳，董伟，王宁，等．吉林省冬季燃煤民居室内 CO 污染监测分析 [J]. 气象与环境学报，2014,30(1):75-79.
[38] 杨鑫，汤朝晖．基于 SPSS 统计分析的河源客居形态研究 [J]. 小城镇建设，2021,39(3):89-98.
[39] 付春苗．数字摄影在地方古民居保护中的应用研究 [J]. 城市地理，2017(10):217-218.
[40] 刘新月，杨继华，杨继清，等．基于 BIM 技术的装配式建筑在特色民居中的应用 [J]. 山西建筑，2020,46(1):26-28.
[41] 廖庆霞．基于传感器技术构建自然因子对传统民居影响的监测系统：以浙江民居为例 [D]. 苏州：苏州大学，2018.
[42] 许娟，鲁子良，侯超平，等．基于 BIM 平台的传统民居建筑保护与更新教学实践研究 [J]. 建筑与文化，2019(9):42-43.
[43] 程呈，杨维菊 .BIM 技术在江南村镇住宅设计中的可行性研究 [J]. 中外建筑，2014(4):48-50.
[44] 张志伟，曹伍富，苑露莎，等．基于 BIM+ 智慧工地平台的桩基施工进度管理方式 [J]. 城市轨道交通研究，2022,25(1):180-185.
[45] 马凯，王子豪．基于“BIM+ 信息集成”的智慧工地平台探索 [J]. 建设科技，2018(22):26-30+41.
[46] 周长安．工程勘察质量信息化管理系统构建与实证研究：以重庆为例 [D]. 重庆：重庆大学，2020.
[47] 黄建城，徐昆，董湛波．智慧工地管理平台系统架构研究与实现 [J]. 建筑经济，2021,42(11):25-30.
[48] 张世宇，林必毅，余丽丽．基于 BIM 的智慧建筑运维实现方式及价值研究 [J]. 智能建筑与智慧城市，2018(12):41-43+46.
[49] 万灵，陶波，李佩佩，等．基于 BIM 的智慧楼宇运维平台开发研究 [J]. 施工技术，2019,48(S1):292-295.
[50] 陈苏．基于 BIM 及物联网的城市地下综合管廊建设 [J]. 地下

空间与工程学报 ,2018,14(6):1445-1451.
[51] 张健 , 陈兵 , 刘宁 . 城市轨道交通工程建设项目施工社会风险评价分析 : 以青岛轨道交通工程 13 号线为例 [J]. 水利与建筑工程学报 ,2016,14(6):174-178+189.
[52] 韩青 , 袁钏 , 牟琼 , 等 . 基于 CIM 基础平台的老旧小区改造应用场景 [J]. 上海城市规划 ,2022(5):25-32.
[53] 毕天平 , 孙强 , 佟琳 , 等 . 南运河管廊智慧运维管理平台研究 [J]. 建筑经济 ,2019,40(3):37-41.
[54] 张敬 , 杨华荣 , 张浩 , 等 . 智慧医院可视化运维管理平台建设探讨 [J]. 智能建筑电气技术 ,2022,16(1):55-58+62.
[55] 于长虹 . 智慧校园智慧服务和运维平台构建研究 [J]. 中国电化教育 ,2015(8):16-20+28.
[56] 李哲 , 苏童 . 历史建筑智慧化管理运维智慧平台技术研究 [J]. 生态城市与绿色建筑 ,2021(1):32-35.
[57] QIAN Y, LENG, J. CIM-based modeling and simulating technology roadmap for maintaining and managing Chinese rural traditional residential dwellings[J]. Journal of building engineering, 2021, 44: 103248.
[58] 曹世杰，任宸，朱浩程 . 基于有限监测与降维线性模型耦合预测的暖通空调系统在线监控方法与策略 [J]. 建筑科学，2021(4):83-91.
[59] CAO S, DING J, REN C. Sensor deployment strategy using cluster analysis of Fuzzy C-Means Algorithm: towards online control of indoor environment's safety and health[J]. Sustainable cities and society,2020(59): 102-190.
[60] XU D, ZHOU D, WANG Y, et al. Temporal and spatial variations of urban climate and derivation of an urban climate map for Xi'an, China[J]. Sustainable cities and society, 2020(52): 101850.
[61] 胡姗，燕达，江亿 . 建筑中人员在室时空特征的指标定义与

调研分析 [J]. 建筑科学，2021，37(8): 160-169.
[62] ISO. Ergonomics of the thermal environment: Instruments for measuring physical quantities: ISO 7726 [S]. Geneva: ISO, 2001.
[63] QIAN Y, LENG J, CHUN Q, et al. A year-long field investigation on the spatio-temporal variations of occupant's thermal comfort in Chinese traditional courtyard dwellings[J]. Building and environment, 2023, 228: 109836.
[64] REN C, CAO S. Implementation and visualization of artificial intelligent ventilation control system using fast prediction models and limited monitoring data[J]. Sustainable cities and society, 2020, 52:101860.
[65] 郑武幸 . 气候的地域和季节变化对人体热适应的影响与应用研究 [D]. 西安：西安建筑科技大学 ,2017.
[66] ASHRAE. Thermal environmental conditions for human occupancy: ANSI/ASHRAE Standard 55—2017[S], 2017: 49-55.
[67] 淳庆，潘建伍，董运宏 . 南方地区古建筑木结构的整体性残损点指标研究 [J]. 文物保护与考古科学 , 2017, 29(6): 76-83.
[68] 国家住房和城乡建设部，国家市场监督管理总局 . 古建筑木结构维护与加固技术规范 : GB 50165—2020[S]. 北京 : 中国建筑工业出版社 , 2020.
[69] 杨春森 . 武夷山古村落空间形态研究 [D]. 泉州：华侨大学，2018.
[70] 柯培雄 . 闽北名镇名村 [M]. 福州：福建人民出版社，2013.
[71] JUNOH S A, SUBEDI S, PYUN J Y. Floor map-aware particle filtering based indoor navigation system[J]. IEEE access, 2021, 9: 114179-114191.
[72] 钟亚洲，吴飞，任师涛 . 基于粒子滤波的 PDR 定位算法 [J]. 传感器与微系统，2018，37(8): 147-149.
[73] LI X, WEI D, LAI Q, et al. Smartphone-based integrated PDR/

GPS /Bluetooth pedestrian location[J]. Advances in space research, 2017, 59(3): 877–887.

[74] 吴兑 , 邓雪娇 . 环境气象学与特种气象预报 [M]. 北京：气象出版社，2001：170–172.

[75] 孙广禄，王晓云，章新平 , 等 . 京津冀地区人体舒适度的时空特征 [J]. 气象与环境学报 , 2011,27(3): 18–23.

[76] CHEN X, XUE P, LIU L, et al. Outdoor thermal comfort and adaptation in severe cold area: a longitudinal survey in Harbin, China [J]. Building and environment, 2018, 143: 548–560.

[77] MA X, ZHANG L, ZHAO J, et al. The outdoor pedestrian thermal comfort and behavior in a traditional residential settlement: a case study of the cave dwellings in cold winter of China [J]. Solar energy, 2021, 220: 130–143.

[78] 张仲军 . 夏热冬暖地区城乡建筑人群热适应研究 [D]. 广州：华南理工大学 , 2018.

[79] FANG Z, ZHENG Z, FENG X. Investigation of outdoor thermal comfort prediction models in South China: a case study in Guangzhou[J]. Building and environment, 2021, 188: 107424.

[80] RIJAL H B, YOSHIDA H, UMEMIYA N. Seasonal and regional differences in neutral temperatures in Nepalese traditional vernacular houses [J]. Building and environment, 2010, 45: 2743–2753.

[81] FANGER P O. Thermal comfort[M]. Malabar, Florida: Robert E Krieger Publishing Company, 1982.

[82] QIAN Y C, LENG J W, CHUN Q, et al. A year–long field investigation on the spatio – temporal variations of occupant's thermal comfort in Chinese traditional courtyard dwellings[J]. Building and environment, 2023, 228: 109836.

[83] HUMPHREYS M A. Outdoor temperatures and comfort indoors[J]. Building Research and Practice, 1978, 6: 92.

[84] HAUASHDH A, JAILANI J, RAHMAN I A, et al. Strategic approaches towards achieving sustainable and effective building maintenance practices in maintenance-managed buildings: a combination of expert interviews and a literature review [J]. Journal of building engineering, 2022, 45: 103490.

[85] 中华人民共和国住房和城乡建设部 . 建筑碳排放计算标准 :GB/T 51366—2019 [S]. 北京：中国建筑工业出版社 , 2019.